彗星

写真とイラストで追う装備部隊

The I.J.N. Carrier Bomber

日本海軍艦上爆撃機

彗星 Suisei

D4Y series
photo history

愛機とともに ②
【陸偵・夜戦・空冷型編】

吉野泰貴 著

大日本絵画

九二式航空兵器観察筺 第0004號
艦上爆撃機(彗星)

独特の観察眼で日本陸海軍機を解剖する佐藤邦彦氏。彗星については本書第1巻や『海軍戦闘第812飛行隊』でも紹介しているが、ここでは陸偵型と夜戦型、そして空冷型について解説していただこう。

〔イラスト・解説／佐藤邦彦〕

十三試艦上爆撃機は、速度と(増槽を装備しての)航続力が買われてまずは「二式艦上偵察機一一型」として正式採用された。

▼操縦席左舷に付く銘板の例。

製　造　所	愛知航空機株式會社
名　　　稱	二式艦上偵察機
型　　　式	D4Y1
發　動　機	アツタ21型
製造番號	第3156號
自　　　重	2487瓩
搭　載　量	1152瓩
全備重量	3639瓩
完成年月日	
檢　　　印	⚓ ㊂

▶尾翼右舷中央に記されるステンシル例。

第121海軍航空隊は第1航空艦隊の二式艦偵部隊で、「雉(きじ)部隊」といわれた。

雉-06

方向舵修正タブの操作桿

▲尾翼左舷中央に記されるステンシル例。

▶艦上偵察機ながら着艦フックを撤去した「陸偵」仕様の機体。

▲彗星一一型まで尾脚は引き込み式。

◀九七式一号偏流測定器一型

速度秒時計

◀固定自動航空写真機K-8型は偵察機として必須の装備。図は焦点距離500㎜の例(250㎜のレンズも使用する)。

▲このように胴体後部に設置される。

2

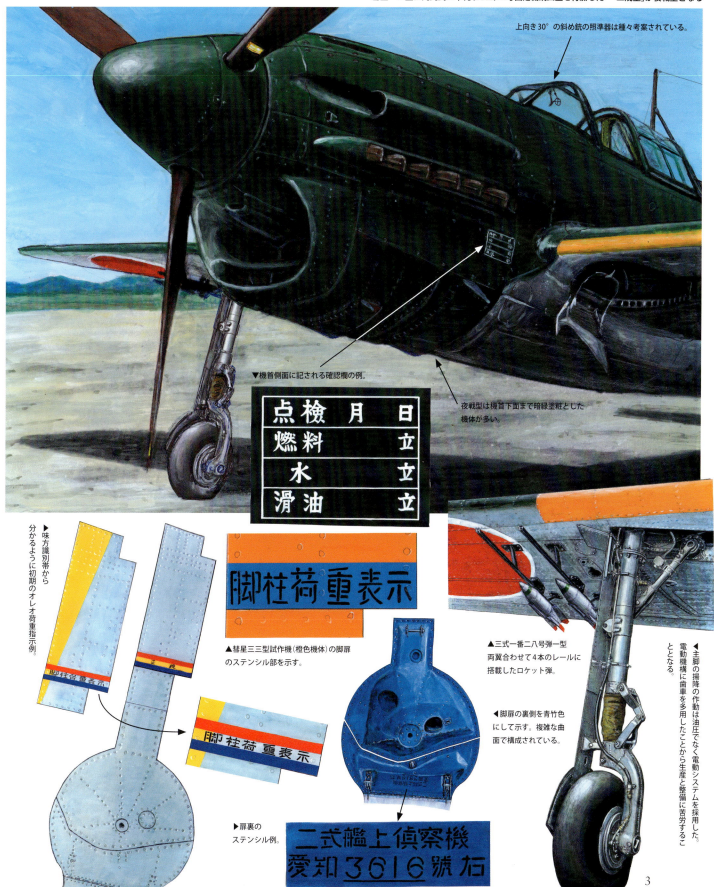

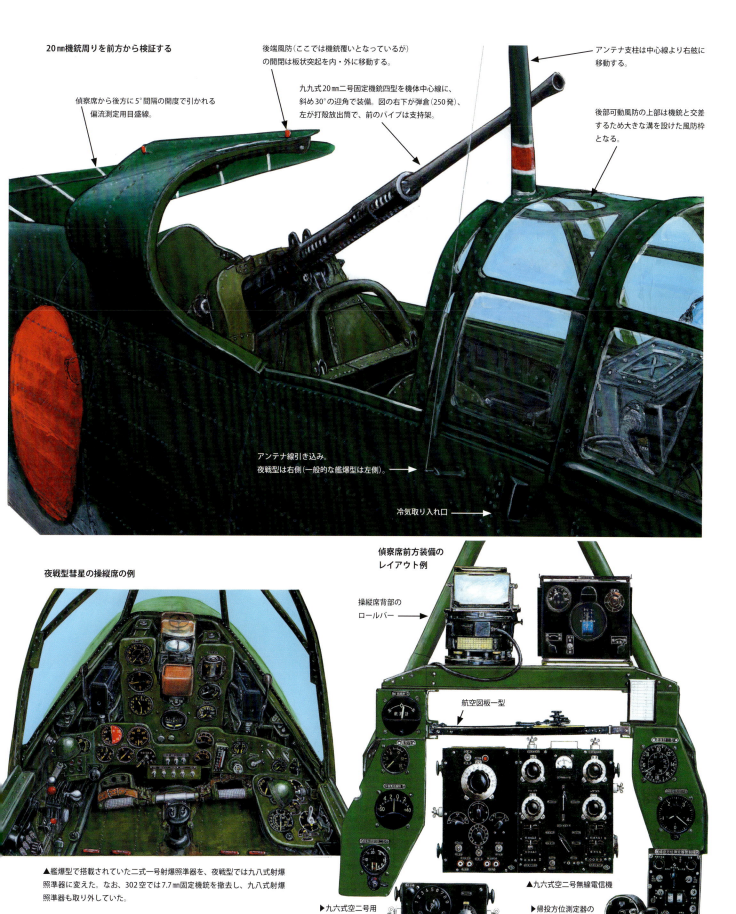

第601海軍航空隊攻撃第1飛行隊(K1)の彗星四三型

空冷の三三型、四三型ではエナーシャハンドルは左舷のこの位置になる。

「r」形は「飛行」を意味する記号なので「飛行回数」を記録したと思われる。

◀カウリング側面に記された点検表の例を推測図示する。

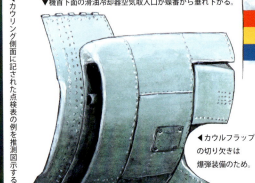

▼機首下面の滑油冷却器空気取入口が蝶番から垂れ下がる。

◀カウルフラップの切り欠きは爆弾装備のため。

空冷「金星六一型」は水メタノール噴射装置を導入した。

▼ステンシル部を推定図示する。

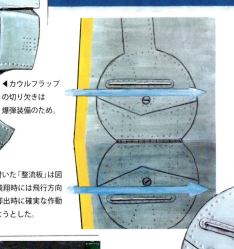

▶車輪覆に付いた「整流板」は図示のように飛翔時には飛行方向と平行で、脚出時に確実な作動に寄与させようとした。

▶四三型の主脚・主車輪覆

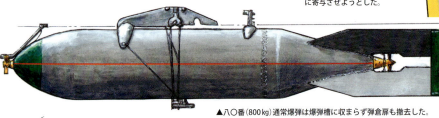

▲八〇番(800kg)通常爆弾は爆弾槽に収まらず弾倉扉も撤去した。

▼注意書銘板が前面に付く

```
三式一號射爆照準器一型
     第 97 號
  取扱注意事項
1．本機内電動機ヲ同轉スル時ハ必ズ纏電鍵ヲ用ヒ單独ニ
  駆動スベカラズ
2．本機ヲ直立シテ下部滑車軸ヲ損傷セザルコト
3．反射鏡ハ取外シセザルコト
4．軸線整合ニハ及射鏡ニ水平器ヲアテガヒ他部ヲアテニセ
  ザルコト
```

◀三三型の最終生産43機
に装備された三式一号射爆
照準器一型

▲四三型では操縦席後方に5mm厚の防弾鋼板が装備された
が「潔し」としない思想から取外す例も多かった。防弾装置
は第一固定風防正面に75mmの防弾ガラス、燃料タンクに
防弾が配慮されるようになっている。

▶調整つまみに操作の
難しさを感じる。

◀三三型以降、垂直尾翼が
上方に延長されるなど改修
がなされている。

▲現存する昇降舵
下面には銀色塗装が残っている。

◀昇降舵を図示する
子細に見ると複雑な造りである。

▲トリムタブは後端から20mm
はみ出すほど大きく、急降下時にはフラップと連動する。

◀トリムタブ操作桿付近をアップで見る。抜けている部
分は羽布張りであった。

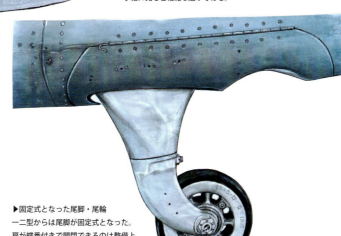

▶固定式となった尾脚・尾輪
一二型からは尾脚が固定式となった。
扉が蝶番付きで開閉できるのは整備上
の理由による。

日本海軍艦上爆撃機（＋二式艦偵＆夜戦）彗星 D4Y series
装備部隊の塗装とマーキング
Painting Schemes and Markings of I.J.N. Carrier Bomber Suisei

カラーイラスト・解説／吉野泰貴
Color illustrations & text by Yasutaka YOSHINO

戦闘機より速い急降下爆撃機を、と開発された十三試艦上爆撃機は、まず二式艦上偵察機として採用、ついで艦爆「彗星」として実用化され、やがて空冷エンジン搭載の三三型や20㎜斜め銃を搭載した夜戦の一二戊型も製作された。
ここではその多様性に富んだ機体のマーキングを紹介したい。

1. 二式艦上偵察機一一型〈D4Y1-C〉
　第151海軍航空隊所属機
　昭和18年6月

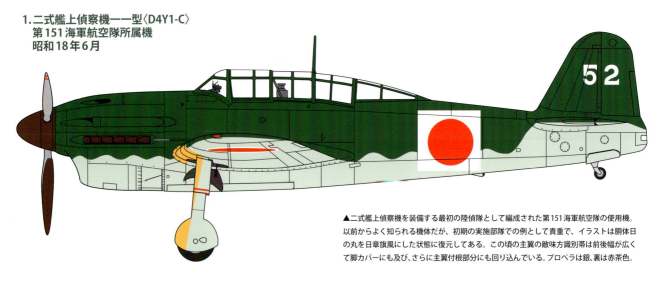

▲二式艦上偵察機を装備する最初の陸偵隊として編成された第151海軍航空隊の使用機。以前からよく知られる機体だが、初期の実施部隊での例として貴重で、イラストは胴体日の丸を日章旗風にした状態に復元してある。この頃の主翼の敵味方識別帯は前後幅が広くて脚カバーにも及び、さらに主翼付根部分にも回り込んでいる。プロペラは銀、裏は赤茶色。

2. 二式艦上偵察機一一型〈D4Y1-C〉
　第151海軍航空隊所属機
　昭和18年6月

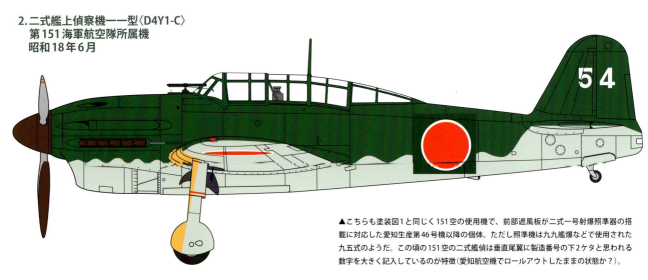

▲こちらも塗装図1と同じく151空の使用機で、前部遮風板が二式一号射爆照準器の搭載に対応した愛知生産第46号機以降の個体。ただし照準器は九九艦爆などで使用された九五式のようだ。この頃の151空の二式艦偵は垂直尾翼に製造番号の下2ケタと思われる数字を大きく記入しているのが特徴（愛知航空機でロールアウトしたままの状態か？）。

3. 彗星一一型〈D4Y1〉
第302海軍航空隊 陸偵隊所属機
昭和19年夏～秋

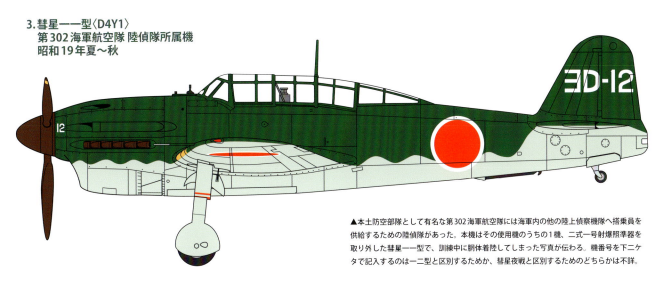

▲本土防空部隊として有名な第302海軍航空隊には海軍内の他の陸上偵察機隊へ搭乗員を供給するための陸偵隊があった。本機はその使用機のうちの1機、二式一号射爆照準器を取り外した彗星一一型で、訓練中に胴体着陸してしまった写真が伝わる。機番号を下二ケタで記入するのは一二型と区別するためか、彗星夜戦と区別するためのどちらかは不詳。

4. 彗星一二型〈D4Y2〉
第302海軍航空隊 陸偵隊所属機
昭和19年夏～秋

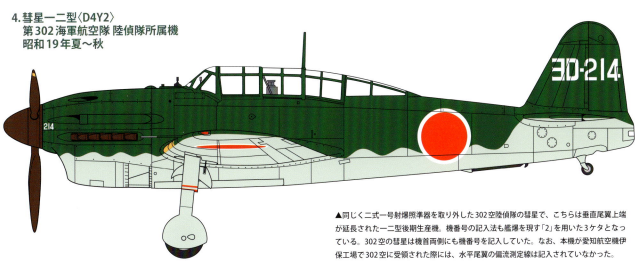

▲同じく二式一号射爆照準器を取り外した302空陸偵隊の彗星で、こちらは垂直尾翼上端が延長された一二型後期生産機。機番号の記入法も艦爆を現す「2」を用いた3ケタとなっている。302空の彗星は機首両側にも機番号を記入していた。なお、本機が愛知航空機伊保工場で302空に受領された際には、水平尾翼の偏流測定線は記入されていなかった。

5. 彗星一二型〈D4Y2〉
第302海軍航空隊 第2飛行隊 彗星夜戦分隊所属機
昭和19年末～20年2月

▲昭和19年12月に陸偵隊が解散すると、その錬成員や装備機材は第2飛行隊彗星夜戦分隊に編入された。イラストは旧陸偵隊使用機の1機で、これも垂直尾翼上端が延長された彗星一二型後期生産機。こうした機体は当初は主翼下に三番三号爆弾を搭載してB29邀撃に参加していたが、順次航空廠に持ち込まれて一二戊型に改造されていく。

6. 彗星一二戊型〈D4Y2-S〉
　第302海軍航空隊 第2飛行隊彗星分隊所属機
　昭和19年末〜20年2月

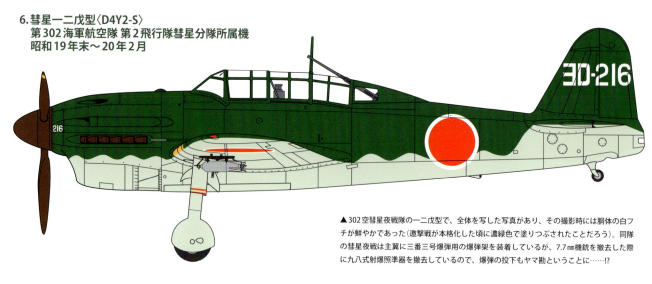

▲302空彗星夜戦隊の一二戊型で、全体を写した写真があり、その撮影時には胴体の白フチが鮮やかであった（邀撃戦が本格化した頃に濃緑色で塗りつぶされたことだろう）。同隊の彗星夜戦は主翼に三番三号爆弾用の爆弾架を装着しているが、7.7mm機銃を撤去した際に九八式射爆照準器を撤去しているので、爆弾の投下もヤマ勘ということに……!?

7. 彗星一二戊型〈D4Y2-S〉
　第302海軍航空隊 第3飛行隊彗星分隊
　中芳光上飛曹一金澤久雄中尉機
　昭和20年5月末

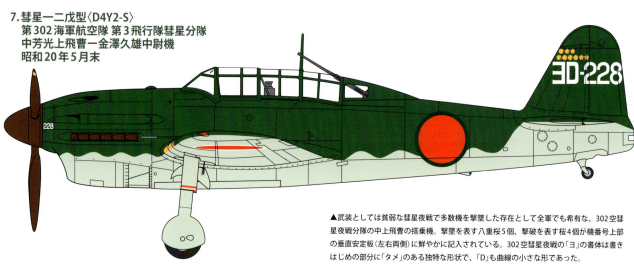

▲武装としては貧弱な彗星夜戦で多数機を撃墜した存在として全軍でも稀有な、302空彗星夜戦分隊の中上飛曹の搭乗機。撃墜を表す八重桜5個、撃破を表す桜4個が機番号上部の垂直尾翼板（左右両側）に鮮やかに記入されている。302空彗星夜戦の「ヨ」の書体は書きはじめの部分に「タメ」のある独特な形状で、「D」も曲線の小さな形であった。

8. 彗星一二戊型（前期生産型改修機）〈D4Y2-S〉
　第302海軍航空隊 第3飛行隊彗星分隊所属機
　昭和20年夏

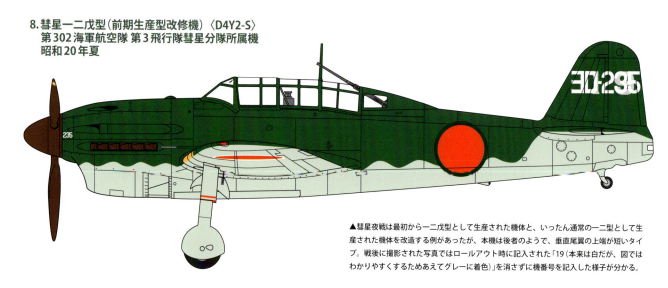

▲彗星夜戦は最初から一二戊型として生産された機体と、いったん通常の一二型として生産された機体を改造する例があったが、本機は後者のようで、垂直尾翼の上端が短いタイプ。戦後に撮影された写真ではロールアウト時に記入された「19（本来は白だが、図ではわかりやすくするためあえてグレーに着色）」を消さずに機番号を記入した様子が分かる。

9. 彗星一二戊型〈D4Y2-S〉
第302海軍航空隊 第3飛行隊彗星分隊所属機
昭和20年夏

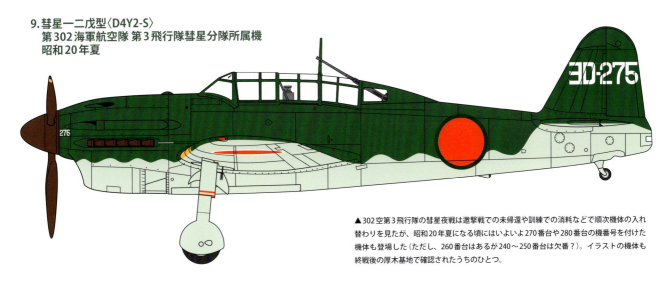

▲302空第3飛行隊の彗星夜戦は邀撃戦での未帰還や訓練での消耗などで順次機体の入れ替わりを見たが、昭和20年夏になる頃にはいよいよ270番台や280番台の機番号を付けた機体も登場した（ただし、260番台はあるが240〜250番台は欠番？）。イラストの機体も終戦後の厚木基地で確認されたうちのひとつ。

10. 彗星一二戊型〈D4Y2-S〉
第302海軍航空隊 第3飛行隊彗星分隊所属機
昭和20年夏

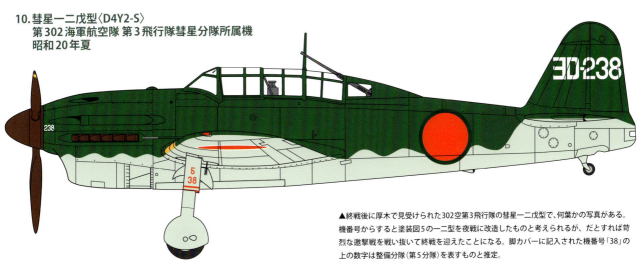

▲終戦後に厚木で見受けられた302空第3飛行隊の彗星一二戊型で、何葉かの写真がある。機番号からすると塗装図5の一二型を夜戦に改造したものと考えられるが、だとすれば苛烈な邀撃戦を戦い抜いて終戦を迎えたことになる。脚カバーに記入された機番号「38」の上の数字は整備分隊（第5分隊）を表すものと推定。

11. 彗星一二戊型〈D4Y2-S〉〔第11航空廠製造第3163号機〕
第131海軍航空隊「芙蓉部隊」戦闘第804飛行隊所属機
昭和20年2月

▲3個の特設飛行隊を統合運用した外戦の夜戦隊"芙蓉部隊"は第131海軍航空隊の別動隊的な存在。イラストはフィリピンで消耗した戦闘804が藤枝基地で再出発した頃から操訓に使用した機体で、斜め銃は撤去。現存写真では部隊記号が記入されていないのが興味深い。あるいは所属の航空隊が変更となって書き換え中に撮影されたのかもしれない。

12. 彗星一二戊型〈D4Y2-S〉
第131海軍航空隊 戦闘第901飛行隊所属機
昭和20年5月

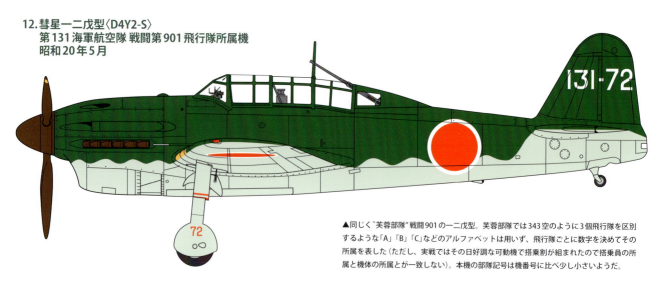

▲同じく"芙蓉部隊"戦闘901の一二戊型。芙蓉部隊では343空のように3個飛行隊を区別するような「A」「B」「C」などのアルファベットは用いず、飛行隊ごとに数字を決めてその所属を表した（ただし、実戦ではその日好調な可動機で搭乗割が組まれたので搭乗員の所属と機体の所属とが一致しない）。本機の部隊記号は機番号に比べ少し小さいようだ。

13. 彗星三三型〈D4Y3 Aichi Rollout〉
愛知航空機ロールアウト その1
昭和19年秋

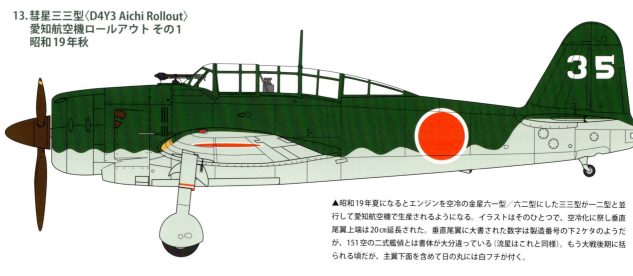

▲昭和19年夏になるとエンジンを空冷の金星六一型／六二型にした三三型が一二型と並行して愛知航空機で生産されるようになる。イラストはそのひとつで、空冷化に祭し垂直尾翼上端は20cm延長された。垂直尾翼に大書された数字は製造番号の下2ケタのようだが、151空の二式艦偵とは書体が大分違っている（流星はこれと同様）。もう大戦後期に括られる頃だが、主翼下面を含めて日の丸には白フチが付く。

14. 彗星三三型〈D4Y3 Aichi Rollout〉
愛知航空機ロールアウト その2
昭和19年秋

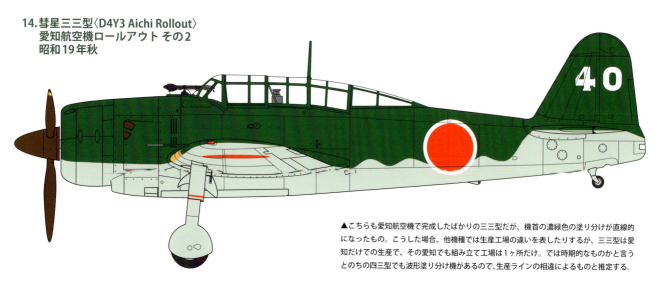

▲こちらも愛知航空機で完成したばかりの三三型だが、機首の濃緑色の塗り分けが直線的になったもの。こうした場合、他機種では生産工場の違いを表したりするが、三三型は愛知だけでの生産で、その愛知でも組み立て工場は1ヶ所だけ。では時期的なものかと言うとのちの四三型でも波形塗り分け機があるので、生産ラインの相違によるものと推定する。

15. 彗星三三型〈D4Y3〉
第701海軍航空隊 攻撃第105飛行隊所属機？
昭和20年3月

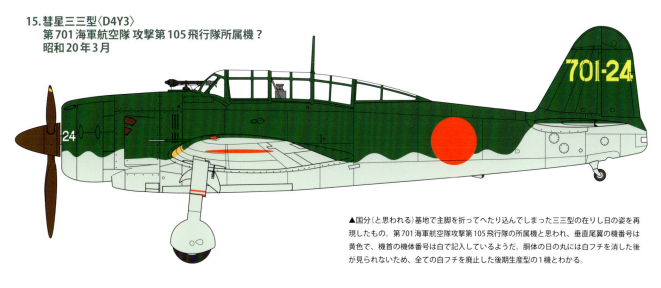

▲国分（と思われる）基地で主脚を折ってへたり込んでしまった三三型の在りし日の姿を再現したもの。第701海軍航空隊攻撃第105飛行隊の所属機と思われ、垂直尾翼の機番号は黄色で、機首の機体番号は白で記入しているようだ。胴体の日の丸には白フチを消した後が見られないため、全ての白フチを廃止した後期生産型の1機とわかる。

16. 彗星三三型〈D4Y3〉
第701海軍航空隊 攻撃第105飛行隊
梅田章大尉─海老原代吉上飛曹機
昭和20年2月

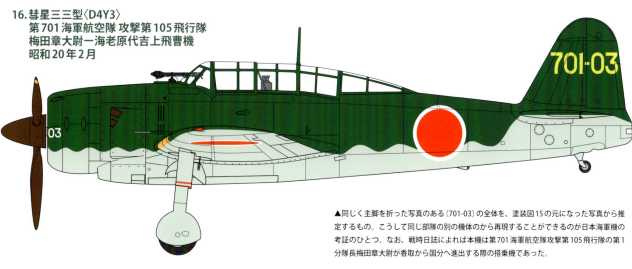

▲同じく主脚を折った写真のある〔701-03〕の全体を、塗装図15の元になった写真から推定するもの。こうして同じ部隊の別の機体のから再現することができるのが日本海軍機の考証のひとつ。なお、戦時日誌によれば本機は第701海軍航空隊攻撃第105飛行隊の第1分隊長梅田章大尉が香取から国分へ進出する際の搭乗機であった。

17. 彗星三三型改造夜戦〈D4Y3 Modified Night Fighter〉
第302海軍航空隊 第3飛行隊彗星分隊所属機
昭和20年初夏

▲艦爆、艦偵、夜戦は一二型、陸爆は三三型、と二本立てで拡充された彗星の生産だが、本機は三三型を一二戊型と同じように改造した夜戦型。もちろん兵器として制式された機体ではないので三三戊型とは呼称しない。現存写真では垂直尾翼が写っていないが、主脚カバーに記入された数字からこうして復元することができる。

18. 彗星三三型／最後期生産機〈D4Y3 Late Production type〉
第601海軍航空隊 攻撃第1飛行隊 第3分隊
渡辺清規大尉―島村周二中尉機
昭和20年6月〜8月

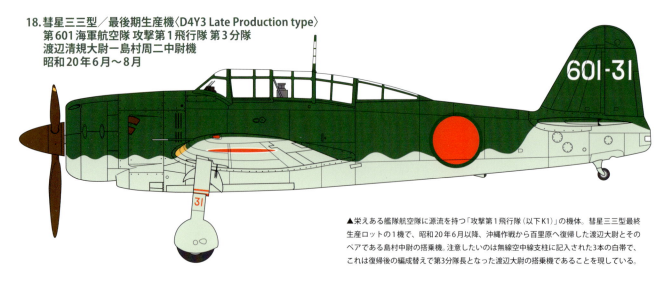

▲栄えある艦隊航空隊に源流を持つ「攻撃第1飛行隊（以下K1）」の機体。彗星三三型最終生産ロットの1機で、昭和20年6月以降、沖縄作戦から百里原へ復帰した渡辺大尉とそのペアである島村中尉の搭乗機。注意したいのは無線空中線支柱に記入された3本の白帯で、これは復帰後の編成替えで第3分隊長となった渡辺大尉の搭乗機であることを現している。

19. 彗星四三型〈D4Y4〉
第601海軍航空隊 攻撃第1飛行隊 第3分隊
板橋泰夫上飛曹―北村久吉中尉機
昭和20年6月〜8月

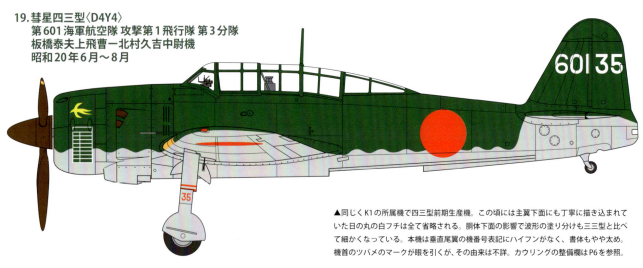

▲同じくK1の所属機で四三型前期生産機。この頃には主翼下面にも丁寧に描き込まれていた日の丸の白フチは全て省略される。胴体下面の影響で波形の塗り分けも三三型と比べて細かくなっている。本機は垂直尾翼の機番号表記にハイフンがなく、書体もやや太め。機首のツバメのマークが眼を引くが、その由来は不詳。カウリングの整備欄はP6を参照。

20. 彗星四三型／後期生産機〈D4Y4 Late Production type〉
第601海軍航空隊 攻撃第1飛行隊
第3分隊所属機
昭和20年6月〜8月

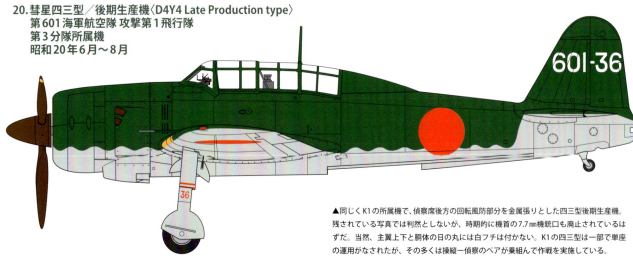

▲同じくK1の所属機で、偵察席後方の回転風防部分を金属張りとした四三型後期生産機。残されている写真では判然としないが、時期的に機首の7.7mm機銃口も廃止されているはずだ。当然、主翼上下と胴体の日の丸には白フチは付かない。K1の四三型は一部で単座の運用がなされたが、その多くは操縦―偵察のペアが乗組んで作戦を実施している。

※カウリング左側に白線で書かれた整備欄は〔601-31〕〔601-36〕にもあった可能性が高い。

21. 彗星三三型〈D4Y3〉
第601海軍航空隊
攻撃第1飛行隊所属機
昭和20年6月～8月

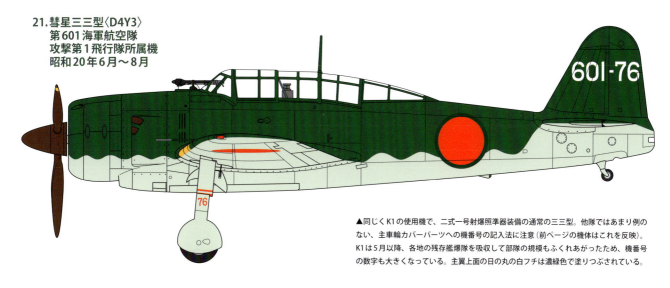

▲同じくK1の使用機で、二式一号射爆照準器装備の通常の三三型。他隊ではあまり例のない、主車輪カバーパーツへの機番号の記入法に注意（前ページの機体はこれを反映）。K1は5月以降、各地の残存艦爆隊を吸収して部隊の規模もふくれあがったため、機番号の数字も大きくなっている。主翼上面の日の丸の白フチは濃緑色で塗りつぶされている。

22. 彗星一一型〈D4Y1〉〔愛知製造第3193号機〕
第501海軍航空隊所属機
昭和18年末

▲彗星艦爆隊として最初に編成された第501海軍航空隊の使用機。主翼前縁の敵味方識別帯は初期の彗星によく見られた前後幅の広いもの。プロペラも銀で、裏側だけ赤茶色に塗られていた。胴体の日の丸と同様、主翼上面の日の丸も白フチを濃緑色で塗りつぶされていたと推定。なお、現存する本機の垂直安定板には「二式艦上偵察機　愛知3193号」と記載。

23. 彗星三三型〈D4Y3〉
宇佐海軍航空隊 艦爆隊所属機
昭和20年4月

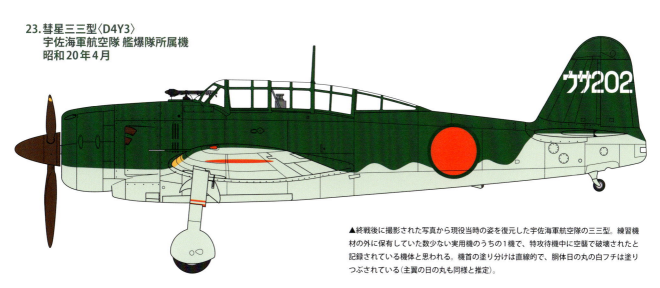

▲終戦後に撮影された写真から現役当時の姿を復元した宇佐海軍航空隊の三三型。練習機材の外に保有していた数少ない実用機のうちの1機で、特攻待機中に空襲で破壊されたと記録されている機体と思われる。機首の塗り分けは直線的で、胴体日の丸の白フチは塗りつぶされている（主翼の日の丸も同様と推定）。

日本で見られる唯一の彗星一一型！！

協力／靖國神社遊就館
撮影／吉野泰貴

2016年に大幅な化粧直しがなされた〔鷹-13〕。パネルラインを当時に近づけ、ダズファスナーを再現。新考証の明るめの濃緑色がまとわれた。

ヤップ島から帰還、復元され、靖國神社遊就館に奉納された彗星一一型523空〔鷹-13〕は、田中祥一氏以下当時の復元チームや同館学芸員の尽力により往時の姿を少しずつ取り戻しつつある。ここで近年アップデートされたこだわりのディテールを見てみよう。

http://yusyukan.yasukuni.jp

▲これまでプロペラスピナー後端の丸いパーツが欠落していた。これは別途奉納された実機パーツが新たに装着された。

▲敵味方識別帯は主脚カバーにまでかかる幅広のものに。増槽は整形し、複雑な曲線を持った彗星専用330ℓを忠実に再現。

▲空中線の引き込みも、彗星独特の左側胴体の補助支柱を介する様子を再現。支柱頂部の碍子でクルリと回すのも当時見られたもの。

▲新たに再現された胴体左側の足掛。レストアで塞がれた外板を切り欠くと、予想した位置に本来の足掛機構が発見されたという。

▲九二式7.7粍旋回機銃も、実物同様のものが奉納された。

▶一一型の特徴である引込式尾脚のカバーは実機のパーツを採寸して再現(引込部も「いずれは！」とのこと)。尾輪も当時と同じ形状にアルミを削り出したものが新造され、奉納された。

日本海軍艦上爆撃機 彗星 愛機とともに2 【陸偵・夜戦・空冷型編】 写真とイラストで追う装備部隊 【目次】

九二式航空兵器観察筐【第0004號】 …………………………………… 2
日本海軍艦上爆撃機彗星（＋二式艦偵＆夜戦）装備部隊の塗装とマーキング …… 8
日本で見られる唯一の彗星一一型！！ ………………………………… 16

はじめに ………………………………………………………………… 18

◆第6章 陸上偵察機隊 …………………………………………………… 19
　第151海軍航空隊 …………………………………………………… 20
　第302海軍航空隊陸上偵察機隊 …………………………………… 28

◆第7章 彗星夜戦隊 ……………………………………………………… 43
　第302海軍航空隊 第2飛行隊彗星夜戦分隊／第3飛行隊 ……… 44
　第131海軍航空隊 夜間戦闘機隊"芙蓉部隊" ……………………… 58

◆第8章 空冷彗星艦爆隊 ………………………………………………… 71
　第701海軍航空隊 攻撃第105飛行隊 ……………………………… 72
　第601海軍航空隊 攻撃第1飛行隊 ………………………………… 80

◆第9章 航跡の果てに …………………………………………………… 93
　宇佐海軍航空隊艦爆隊／神武特別攻撃隊誘導隊／第332海軍航空隊彗星夜戦隊 … 96
　戦場を駆け抜けた彗星 ……………………………………………… 102
　残りし翼たち ………………………………………………………… 108

◆巻末資料 艦上爆撃機彗星備忘録　補足 ……………………………… 117

【episode】
11. 南の空を飛んだ二式艦偵部隊
　　第151海軍航空隊の存在意義 ……………………………………… 25
12. 熱き青春を燃やした
　　第302海軍航空隊陸偵隊のこと …………………………………… 38
13. 第302海軍航空隊彗星夜戦隊
　　もうひとつのヒストリー …………………………………………… 54
14. 海軍夜間戦闘機隊"芙蓉部隊"
　　知っておきたいこんなこと ………………………………………… 66
15. 戦い続けた最初の彗星艦爆隊
　　攻撃第105飛行隊の航跡 …………………………………………… 76
16. 第601海軍航空隊攻撃第1飛行隊
　　第二御楯隊出撃からの再編 ………………………………………… 90

【short episode】
1. 教官・教員も特攻へ
　　宇佐海軍航空隊の彗星 ……………………………………………… 97
2. 突如として上海へ現れた
　　ナゾの特攻隊と彗星誘導隊 ………………………………………… 99
3. 最後にできた彗星隊？
　　第332海軍航空隊夜戦隊の彗星 …………………………………… 101

コラム
これ、なんでしょう!? ……………………………………………………… 42
機首の塗り分けが直線なわけ …………………………………………… 70
彗星の垂直尾翼に記入された番号は？ ………………………………… 94
彗星四三型が最初に供給されたのは131空艦爆隊？ ………………… 126

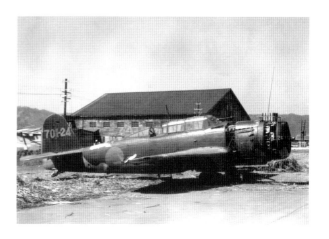

はじめに

日本海軍の艦上爆撃機「彗星」は、高速を備え、単独で敵戦闘機の警戒網を突破して敵航空母艦を攻撃することができる急降下爆撃機として、「十三試艦上爆撃機」の名で海軍航空技術廠により開発に着手された機体だ。

昭和16年末に完成したその試作機は類いまれなる高性能を発揮。試作機の身分のまま南西方面の戦場（ただしこれは満足に実戦参加せず）に、またミッドウェー海戦にも出動し、やがてその高速を買われて「二式艦上偵察機」として制式される。

昭和18年初頭に、生産を担当する愛知航空機での完成機がロールアウトしはじめると、この「二式艦上偵察機」は第151海軍航空隊へ供給され、南東方面と呼ばれたラバウルへ進出。零戦をしのぐ高速偵察機として敵陣深くにまで忍び込んだ。

その後、愛知航空機での生産が順調に流れ出し、性能向上型の「彗星一二型」の開発がなされる頃になると、並行して空冷エンジンの金星六一型（あるいは六二型）を搭載する機体を生産し、基地航空部隊へ供給しようという考えが浮かび上がる。これが大戦後期の海軍艦爆隊の屋台骨を支えることになる「彗星三三型」であり、戦時急造型ともいえる「四三型」の登場を見る。

そしてこの万能機を、不足する夜間邀撃兵力を補うものとするべく昭和19年になって製作されたのが「彗星一二戊型」と呼ばれた夜間戦闘機型であり、本土防空戦だけでなく、昭和20年4月に始まった沖縄航空作戦で目を見張る活躍をすることとなる。

本書はこうした陸上偵察機型、夜間戦闘機型、そして空冷エンジン搭載型の「彗星」装備部隊に焦点を当て、その活躍を紹介するものである。

ただ、やはり第1巻と同様に全装備部隊を網羅しようというものではないことをあらかじめご理解いただきたい。同じく、写真を掲載した部隊については簡単な部隊戦史や人物紹介を極力記述することを心がけた。

なお、巻末には、現在わかりえている愛知航空機、21空廠製作の「彗星」の生産状況や製造番号を掲載したので参考にされたい。

「彗星」については、まだまだ謎や誤解のある部分が山積みだが、本書により関わりのある搭乗員、整備員、そして製作会社の奮闘ぶりを伝える一助となれば幸いである。

吉野泰貴

●日本海軍航空隊のしくみと用語について

〔航空隊？　航空基地？　飛行場？〕

太平洋戦争の日本海軍航空隊の実像に迫るには、じつは大正時代にまでさかのぼらなければならない。

日本海軍は大正5（1916）年3月に「海軍航空隊令」という決まりを定め、横須賀海軍航空隊を設置した。これはまだ飛行機が海のものとも山のものともわからない時代のこと。海軍航空隊は横須賀、呉、佐世保、舞鶴など軍港に置かれ、航空部隊だけでなく、飛行場の管理・運営を行なうとされていた。だから横須賀海軍航空隊と言えば航空部隊としての組織だけでなく、飛行場や建物、周辺の付随施設までが含まれている。

この制度のまま海軍航空隊の数は拡充され、支那事変、太平洋戦争へと繰り出していくのだが、例えば北海道の千歳に本拠を置く千歳海軍航空隊が内南洋や南東方面へと進出する際には千歳空残置隊がここに留まり、はるか南洋にいる千歳空司令の指揮を受けて飛行場や施設の管理をしなければならなかった。戦いが激化してくればそれどころではない。

こうした繁雑さを取り除くため、昭和17年11月1日付けで実施されたのが実戦部隊の名称を番号化することと、飛行場の管理を切り離すことであった。これにより、実戦部隊の展開する飛行場はその時々で布陣する航空隊が管理すればよいことになった（これでも不便なため、のちに基地管理を専門とする「乙航空隊」という制度ができた）。

よく第302海軍航空隊のことを厚木空などと称するのはこうした古い慣習と呼称が入りまじっているからであり、この場合の厚木空は組織としての厚木海軍航空隊（そういう名称の別の航空隊があるからややこしい）ではなく、厚木航空基地ということになる。

そのため、本書では横須賀空の他、宇佐空や霞ヶ浦空などの練習航空隊で基本的に本拠を移動しない部隊以外には、組織としての航空隊を「○○空」と略記する以外には、「航空基地」あるいは「基地」と表記するようにしている。「飛行場」と書く場合には周辺施設を含まない、滑走路とエプロン、格納庫や指揮所などの施設に限定した意味だ。

〔部隊名の略記は？〕

海軍航空部隊の略称略記は以下の通りである。

第1航空艦隊	→	1航艦
第26航空戦隊	→	26航戦
第151海軍航空隊	→	151空
戦闘第351飛行隊	→	戦闘351、あるいはS351
攻撃第105飛行隊	→	攻撃105、あるいはK105
偵察第61飛行隊	→	偵察61、あるいはT61

〔時間の表記は？〕

海軍における時間表記は万国共通、24時間制だ。日本海軍では地球上のどこにいても日本時間を用いるのが習わし。

午前零時を0000、午前8時を0800、午後1時を1300と表し、最後に「時」などは付けない。

第6章
陸上偵察機隊

昭和16年末に完成した「十三試艦上爆撃機」は高性能を発揮し、早くも試作機が実戦投入されるほど。その実績を買われて昭和17年7月には「二式艦上偵察機」として制式され、昭和18年初頭には生産型の実戦投入が始まる。ここでは本機を装備した陸偵隊を見てみよう。

基地航空隊に供給された二式艦上偵察機一一型。愛知生産第45号機までの機体のひとつで、前方遮風板が平面になったタイプを装着している。主翼の日の丸は通常の白フチだが、胴体の日の丸が日章旗のようになっているのに注意。これは昭和18年夏頃の日本海軍機に見ら

第151海軍航空隊

日本本土をはるかに離れたニューブリテン島のラバウル東飛行場で整備を受ける二式艦上偵察機一一型。プロペラ前面は銀、主翼の敵味方識別帯も前後幅の広いもので主脚カバーにも及んでいる。主翼前縁に記入された〔29〕は製造番号29（ダミー数字を付けた329）を表すものか？　二式艦偵／彗星一一型に独特の引込み式尾脚とそのカバーに注意。第151海軍航空隊はそれまで戦闘機隊や陸攻隊に分散配置されていた陸偵隊を発展的に集約した初の陸上偵察機航空隊と言えるもので、新鋭の二式艦上偵察機の他、陸軍から借用した百式司令部偵察機や、二式陸上偵察機も使用した。

ラバウル東飛行場に駐機する151空の二式艦上偵察機一一型〔52〕。愛知生産第45号機までの、前方遮風板が平面になったタイプで九八式射爆照準器を搭載。偵察席後方の回転風防の部分には九二式7.7mm旋回機銃の尾部が見えている。ここで掲載する何機かの151空の二式艦偵は通常の日本海軍機の機番号の記入例とは異なり、愛知航空機でロールアウトした、製造番号の下2ケタを垂直尾翼に大書した状態で使用されていたようだが、そうであれば生産第52号機となる本機は艦爆型の風防でなければならないはず!?

よく見ると本機の胴体の日の丸には白フチの外側を四角く塗りつぶした痕が見られ、もともと日章旗風の白地だったことがわかる。後方の機体は第251海軍航空隊が要務飛行や基地移動の際に重宝した九六式陸上輸送機（九六式陸上攻撃機の輸送機型）〔UI-902〕で、右奥にも見える（ただしこちらは他隊の九六陸攻かもしれない）。

前進基地のブインと思われる飛行場から発進にかかる151空の二式艦上偵察機一一型〔54〕で、右主翼にだけ330ℓ増槽を懸吊している。本機は前部遮風板をいわゆる艦爆タイプにした愛知製造第46号機以降の生産機で、照準器は九九艦爆などが使用した筒型の九五式（あるいは九九式）を搭載しているようだ。ただ、偵察機としてはこの窓枠の多い形状は好まれなかったようで、昭和19年初頭には偵察部隊供給用の二式艦偵／彗星の遮風板を視界良好な平面風防に改造するよう指示されている。

鉄板の敷かれたエプロンから離陸点へ向かう151空の二式艦上偵察機一一型〔53〕。画面奥に駐機している機体は151空で使用していた百式司令部偵察機Ⅱ型のようだ。登場した時には零戦をしのぐ高速と艦爆ゆずりの機動性から局地偵察をものともしなかった二式艦偵も、昭和18年末には陰りが見え始め、クシの歯が欠けるように未帰還となるペアが出始める。昭和19年2月のトラック空襲ののちラバウルを引揚げた151空は3月4日付けで特設飛行隊制に移行、その飛行機隊は偵察第101飛行隊となった。

■米軍に回収された151空の二式艦偵一一型 愛知製造第330号（通算第30号機）

　昭和18年5月にラバウルへ進出した151空の二式艦偵はソロモン諸島全域を駆け巡ったが、ぽつり、ぽつりと未帰還機を出すようになる。写真はBatua Pointで回収された二式艦偵一一型で愛知製造第330号機。昭和18年8月15日にブインを発進し、ベララベラ島レンドバ方面敵艦船動静偵察へ向かって未帰還となった前田孝雄2飛曹─菊池勇2飛曹ペアの搭乗機のようで、想いは複雑だが、初期の二式艦偵／彗星を知る上で貴重である。〔写真提供：James Long／協力：宮崎賢治〕

▲330号機の爆弾倉を見る（左が機首方向）。内部には作り付けの増加タンクが設置されている。ところが、「爆弾倉内の艤装を艦爆と共通にしておけば、偵察にも攻撃にも使えるのでは!?」との意見が浮上、愛知において生産される二式艦偵一一型には増加タンクが設置されなくなっていく。

▲330号機の右主脚収納部、並びに胴体側主脚カバー。内側はかなり暗い色で塗装されているが、これも本機が艦上機たるゆえん。

▲こちらは後部胴体下面。外板がはずれているため、本機独特の斜めの補強桁の様子がよくわかる。二式艦偵というとK8固定写真機搭載がデフォルトと思われがちだが、多くの機体はこのように未搭載であった。

▲上写真の右側に続いている胴体後半で、ちょうど着艦フックの部分。だが、装着されているフックは実用性が疑わしい形で、周囲のパネルの様子も、のちの生産型とはだいぶ違っている。

▼引き込式の尾脚部分。手前が機首方向。向かって右側のカバーには「二式艦上偵察機愛知330號右」と記載されている。ちょうどカバーの開閉機構部にメジャーを当てているため充分に見られないのが残念。

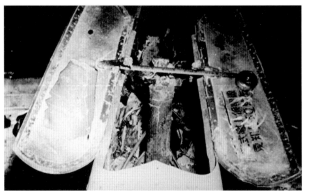

episode 1

南の空を飛んだ二式艦偵部隊
第151海軍航空隊の存在意義

十三試艦上爆撃機の高性能を知った日本海軍は試作機を戦線に投入、その実績は量産機もできていないのに「二式艦上偵察機」と制式されるほどだった。やがて愛知航空機で完成した量産機は、初めての陸上偵察航空隊として編成された第151海軍航空隊へ供給される。

日本海軍の偵察機の運用法

日本海軍にあった「陸上偵察機＝陸偵(りくてい)」という機種はフロート付きの「水上偵察機＝水偵(すいてい)」に対する言葉で、飛行場で離発着する一般的な車輪式の偵察機のことを意味する。そのなかで航空母艦から発着艦可能な機体を艦上偵察機と呼ぶわけだ。

艦隊の補助兵力として醸成されてきた日本海軍の偵察機は、高度500～300mを飛んで水平線を見張り、洋上を行動する敵艦隊のマストを探し求める「索敵」が主任務であり、艦上機であればこれは艦上攻撃機で代用できると考えられて年を重ねていた。

ところが、昭和12年に日華事変が始まると、敵飛行場や軍事施設など、陸上の固定目標への「局地偵察」が必要となり、また時には味方の戦闘機隊を敵地への行き帰りに誘導する任務も負うようになった。このために新たに創設されたのが陸偵隊と呼ばれる組織で、陸軍の九七式司令部偵察機を海軍仕様とした九八式陸上偵察機や、セバスキー複座戦闘機、わずか2機の試作に終わった九七式艦上偵察機などを使用して大陸での偵察活動に従事した。

やがて太平洋戦争開戦となり、艦隊決戦の主役が航空母艦とその搭載機になると、敵味方ともに「我先に！」と敵を追い求める必要が浮上してきた。零戦をしのぐ最高速度を難なく発揮した十三試艦上爆撃機が、艦上偵察機、あるいは陸上偵察機として期待されるようになったのは、こうした事情からである。

初めて編成された陸偵航空隊

それまで日本海軍の陸偵隊は戦闘機隊や陸攻隊に1個分隊(だいたい6～9機)が配備される形であった。例えば緒戦期に快進撃を演じた台南空や3空がそれであり、戦中に6空などが新編されるとこうした旧来の陸偵隊からのれん分けのように基幹員が抽出されていった(どの機種も同じだが)。

ところが、南東方面での戦いが膠着状態となった昭和18年初頭になると、各航空隊へ分散配備されていた陸偵隊をまとめ、1個の航空隊として効率よく一元化した運用をしようという考えが醸成されてくる。

こうして「い」号作戦真っ最中の昭和18年4月15日付けでラバウル東飛行場で新編成されたのが第151海軍航空隊である。同日付けで渡邊薫雄中佐(海兵50)が11航戦参謀から151空司令に補され、奥田重信少佐(海兵57)が21航戦司令部附から151空飛行長に、また西本寿大尉が251空整備長から151空整備長にと発令された。

その基幹は204空(旧6空)陸偵隊と253空(旧鹿屋空)陸偵隊で、204空分隊長の美坐正己大尉(海兵64)、253空分隊長の時枝重良大尉(海兵66)が151空分隊長に発令。福永茂夫飛曹長、渡辺勝上飛曹(以上操縦)、小古良夫少尉、小滝清一飛曹長(以上偵察)らが253空、高橋武志1飛曹(操縦)や石田徳高飛曹長、木下晟一飛曹長、岡林恒晴上飛曹、山崎静雄1飛曹(以上偵察)らが204空からの転入隊員であった。

開隊当初の主力装備機は陸軍から借用の百式司令部偵察機Ⅱ型と二式陸上偵察機(ただし、開隊から間もなく二式陸偵の記述は見られなくなる)。

5月になると内地で二式艦上偵察機の操訓を終えた一団がいよいよ151空へ進出してきた。これが試作機、あるいは空母飛行機隊での運用以外で、初めて実施部隊へ供給された二式艦偵の例である。

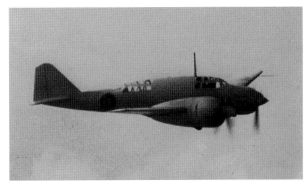

▲陸軍の百式司令部偵察機Ⅱ型。204空陸偵隊や253空陸偵隊の主装備機で、151空でも二式艦偵とともに使用された。

25

その戦いぶりは別表に掲げる通りであったが、204空や253空以来の隊員、とくに操縦員はもっぱら百式司偵で飛行し、二式艦偵の操縦員とは棲み分けがなされていた様子が行動調書からもうかがえる（偵察員はどこの部隊でも機種を選ばない）。

例えば、6月29日にキリウイナ島不時着機捜索にラバウルから出撃した渡辺勝上飛曹や馬場尾滋1飛曹は通常は百式司偵で作戦をしているので、行動調書の「fr二式（二式艦偵の意）」は誤記ではないかと思われるのだ。

151空に供給された二式艦偵は愛知で生産された極初期の機体であり、前方遮風板が平面になった生産第45号機までの特徴を持ったものも見られ、その場合は九八式射爆照準器を、46号機以降の艦偵型と同様の枠の多い前方遮風板を有する機体の場合は、九九艦爆などと同様の筒型の九五式（あるいは九九式）射爆照準器を搭載していた。

二式艦上偵察機というとK8固定写真機を偵察席後方に搭載しているものと思われがちだが、151空の当初の機体は写真機を搭載しておらず、目視偵察や手持ち写真機での作戦飛行が多かった。ただ、50mmレンズのカメラで高度1万mから撮影すると2万分の1の縮尺写真となり、飛行場の滑走路の長さが算出できるなど、垂直写真による偵察は情報量が多く、次第に写真機搭載仕様に置き換わっていく。その場合は固定機銃や旋回機銃を外して機体の軽量化を図っていた。

二式艦上偵察機一一型の最大速度540km/hは百式司偵の604km/hと比べて60km/h遅いとはいえ二号零戦（三二型、二二型）と同等であり、何と言っても艦爆ゆずりの運動性は大きな強みであった。

9月1日に21航戦が解隊されると151空は11航艦の直率となったが、8月までにわずか3機であった未帰還も、米軍の戦爆連合が大挙としてラバウルやブインに来襲するようになった9月以降になると文字通り櫛の歯が欠けるように増加していく。

なお、151空には気象専門の清野善兵衛少尉という予備士官がおり、第8気象隊からの少ない気象情報に、前日の作戦飛行で搭乗員たちが見てきた雲の形状などの目撃情報（当該空域の気圧を予想できる）を加えた天気図を作成し、偵察に出る搭乗員たちに手渡していた様子が伝えられる。

11月に151空へやってきた立川惣之助大尉（海兵66）が12月1日付けで分隊長となると、その同期生である時枝大尉は12月15日付けで横須賀空へ転勤していった。

偵察第101飛行隊へ

昭和19年2月17日にトラックが大空襲を受けて壊滅的となるとラバウルへ兵力を展開しておく余裕はなくなり、151空飛行機隊もトラックへ後退することとなったが、この時に飛行長の堀知良少佐は地上員とともにラバウルへ残留、以後終戦まで自給自足の篭城戦の指揮をとることとなる。

そしてトラックへ移動した151空飛行機隊は3月4日付けで特設飛行隊制へと移行、偵察第101飛行隊として独立した組織になり151空の指揮下へ入る。

同日付けで151空分隊長であった江崎隆之大尉（海兵63）が初代T101飛行隊長に補され、同じく151空分隊長だった立川惣之助大尉がT101分隊長に発令、先年の10月に151空へ着任した児玉一男少尉、長島勝彬少尉、阪井満少尉らもT101附となっているが、長島少尉らはラバウルに残留したままで、堀飛行長らと現地で終戦を迎えている。

この151空T101の二式艦偵は、特練を卒業した田中三也上飛曹（甲飛5）を機長にマリアナ沖海戦直前にラバウルへと前進し、ソロモン諸島やアドミラルティ方面の挺身偵察を実施して見事成功させることとなる。

■151空における二式艦偵の作戦状況（昭和18年5月〜8月）

期日	操縦員			偵察員			出撃基地	任務
	氏名	階級	期別	氏名	階級	期別		
05.21	佐藤正治	飛長	丙3	芦川秀夫	中尉	偵練21	ラバウル	ブナ、ワードフンド海峡間敵艦船動静偵察
05.27	市野明	上飛曹	操練34	木下晟一	飛曹長	偵練25	ラバウル	ツラギ、ルンガ泊地及その附近艦船動静偵察
05.28	佐藤正治	飛長	丙3	石田徳高	飛曹長	乙6	ラバウル	グッドイナフ飛行場進撃路並に敵情偵察
06.01	佐藤正治	飛長	丙3	石渡静	1飛曹	偵練47	ラバウル	ポートモレスビー、アバウ間艦船偵察
06.03	佐藤正治	飛長	丙3	杉本通泰	中尉	海兵69	ラバウル	グッドイナフ飛行場攻撃進撃前路天候偵察並に敵情偵察
06.07	市野明	上飛曹	操練34	西本幸一	上飛曹	偵練34	ラバウル	ムルア島及グッドイナフ島偵察
06.08	市野明	上飛曹	操練34	西本幸一	上飛曹	偵練34	ラバウル	マライタ島敵艦船偵察
06.12	市野明	上飛曹	操練34	杉本通泰	中尉	海兵69	ブイン	攻撃進撃前進路並にルッセル島附近上空天候偵察
06.17	不詳			山崎静雄	1飛曹	偵練46	ラバウル	不時着機捜索
06.18	佐藤正治	2飛曹	丙3	山崎静雄	1飛曹	偵練46	ラバウル	チョイセル島周辺不時着機捜索
06.25	市野明	上飛曹	操練34	西本幸一	上飛曹	偵練34	ラバウル	ルッセル・ガ島方面敵艦船動静偵察
06.29	渡辺勝	上飛曹	操練27	藤井順一	2飛曹	甲7	ラバウル	キリウイナ島不時着捜索（百式司偵か？）
	馬場尾滋	1飛曹	操練49	中村重利	2飛曹	乙13	ラバウル	キリウイナ島不時着捜索（百式司偵か？）
07.08	佐藤正治	2飛曹	丙3	鈴木国男	上飛曹	甲5	ラバウル	ニュージョージア付近敵情偵察
07.12	市野明	上飛曹	操練34	渡辺湊	中尉	海兵69	ブイン	ニュージョージア島当付近敵艦船偵察

期日	操縦員			偵察員			出撃基地	任務
	氏名	階級	期別	氏名	階級	期別		
07.16	市野明	上飛曹	操練34	杉浦修(脩)	1飛曹	甲6	ブイン	ニュージョージア、レンドバ方面偵察
07.19	佐藤正治	2飛曹	丙3	西本幸一	上飛曹	偵練34	ブイン	ガ島方面艦船動静偵察
07.21	佐藤正治	2飛曹	丙3	鈴木国男	上飛曹	甲5	ブイン	レンドバ島付近艦船動静偵察
07.22	川辺利美	2飛曹	乙12	濱田肇	2飛曹	乙11	ラバウル	キリウイナ島偵察
	村上佐太郎	飛長	丙7	小野安衛	2飛曹	普練52	ラバウル	ムルア島敵情偵察(未帰還)
07.26	市野明	上飛曹	操練34	西本幸一	上飛曹	偵練34	ブイン	ニュージョージア島周辺敵艦船動静偵察
07.29	白鳥純壽	上飛曹	甲4	杉本通泰	中尉	海兵69	ブイン	ニュージョージア周辺敵情偵察
08.03	小山善一	飛曹長	甲1	藤井順一	2飛曹	甲7	ラバウル	駆逐艦秋風捜索
	市野明	上飛曹	操練34	時枝重良	大尉	海兵66	ラバウル	ウッドラーク飛行場及附近艦船薄暮時偵察
08.04	佐藤正治	2飛曹	丙3	鈴木国男	上飛曹	甲5	ブイン	フロリダ島、ルンガ泊地附近艦船偵察
	白鳥純壽	上飛曹	甲4	西山良	上飛曹	甲4	ブイン	ニュージョージア附近敵情偵察
08.06	白鳥純壽	上飛曹	甲4	西山良	上飛曹	甲4	ブイン	ニュージョージア偵察
08.07	前田孝雄	2飛曹	丙3	藤井順一	2飛曹	甲7	ブイン	ニュージョージア方面敵情並に天候偵察
	前田孝雄	2飛曹	丙3	藤井順一	2飛曹	甲7	ブイン	攻撃隊の天候並にニュージョージア方面敵情偵察
08.08	杉浦二郎	2飛曹	乙12	渡辺湊	中尉	海兵69	ブイン	レンドバ港湊偵察
08.09	杉浦二郎	2飛曹	乙12	渡辺湊	中尉	海兵69	ブイン	レンドバ港湊偵察
	市野明	上飛曹	操練34	時枝重良	大尉	海兵66	ブイン	ガダルカナル、フロリダ島方面敵艦船動静偵察
08.11	結城律	上飛	丙10	梶原輝正	上飛曹	偵練40	ブイン	ニュージョージア方面天候偵察及艦船偵察」
	佐藤正治	2飛曹	丙3	小滝清一	飛曹長	偵練40	ラバウル	敵輸送船団索敵偵察並ニ攻撃隊進撃路天候偵察ムルア、キリウイナ島敵情偵察
08.12	若松幸三	上飛	丙10	西山良	上飛曹	甲4	ラバウル	ニュージョージア方面敵艦船動静偵察
08.13	若松幸三	上飛	丙10	西山良	上飛曹	甲4	ラバウル	ニュージョージア方面敵艦船動静偵察(1回目)
	若松幸三	上飛	丙10	西山良	上飛曹	甲4	ラバウル	ニュージョージア方面敵艦船動静偵察(2回目)
	市野明	上飛曹	操練34	時枝重良	大尉	海兵66	ブイン	ガ島ルンガ泊地及びユリ泊地攻撃目標(夜間雷爆撃)偵察
08.14	若松幸三	上飛	丙10	西山良	上飛曹	甲4	ブイン	ニュージョージア方面敵艦船動静及敵情偵察
	内田信次	2飛曹	丙2	杉本通泰	中尉	海兵69	ブイン	ビスビス角バイロコ間アルンデル島ムンダ飛行場写真偵察
08.15	前田孝雄	2飛曹	丙3	菊池勇	2飛曹	乙12	ブイン	ベララベラ島レンドバ方面敵艦船動静偵察(行方不明)
	佐藤正治	2飛曹	丙3	小滝清一	飛曹長	偵練40	ブイン	ニュージョージア、ルッセル間敵艦船動静偵察
08.16	結城律	上飛	丙10	梶原輝正	上飛曹	偵練40	ブイン	ニュージョージア方面天候偵察及艦船偵察帰途不時着機捜索
08.17	佐藤正治	2飛曹	丙3	小滝清一	飛曹長	偵練40	ブイン	ガ島フロリダ島ルッセル島附近敵艦船偵察並にチョイセル島不時着機捜索
	杉浦二郎	2飛曹	乙12	梶原輝正	上飛曹	偵練40	ブイン	ニュージョージア、ベララベラ艦船偵察
08.18	佐藤正治	2飛曹	丙3	小滝清一	飛曹長	偵練40	ブイン	ベララベラ島及ニュージョージア附近敵静偵察
08.19	佐藤正治	2飛曹	丙3	小滝清一	飛曹長	偵練40	ブイン	ベララベラ、ニュージョージア敵静偵察
08.20	若松幸三	上飛	丙10	石渡静	1飛曹	偵練47	ブイン	ベララベラ、レンドバ、ニュージョージア艦船動静偵察
08.21	若松幸三	上飛	丙10	石渡静	1飛曹	偵練47	ブイン	ベララベラ、レンドバ、ニュージョージア艦船動静偵察
08.22	若松幸三	上飛	丙10	石渡静	1飛曹	偵練47	ブイン	ベララベラ、レンドバ、ニュージョージア艦船動静偵察
	佐藤正治	2飛曹	丙3	小滝清一	飛曹長	偵練40	ブイン	イサベル島北方海面並に島方面敵艦船動静偵察
	小山善一	飛曹長	甲1	山本成	上飛曹	甲4	ブイン	中水道イサベル北岸敵艦船動静並に天候偵察終わってチョイセル北方海面にて駆逐艦隊を攻撃すると思われる敵攻撃隊の対空哨戒
08.23	佐藤正治	2飛曹	丙3	山本成	上飛曹	甲4	ブイン	中水道及びギゾ海峡附近艦船動静並に攻撃隊に依る戦果偵察ビロア、レンドバ、ニュージョージア周辺一帯見視偵察
08.24	若松幸三	上飛	丙10	山本成	上飛曹	甲4	ブイン	ビロア、レンドバ、ムンダ及びニュージョージア附近敵情及び艦船偵察
08.25	結城律	上飛	丙10	濱田肇	2飛曹	乙11	ブイン	ビロア、レンドバ港、ムンダ附近艦船偵察
	市野明	上飛曹	操練34	時枝重良	大尉	海兵66	ブイン	イサベル島北方及東方海面ツラギ方面敵艦船動静を偵察し友軍駆逐隊作戦を有利に導んとす
08.27	結城律	上飛	丙10	濱田肇	2飛曹	乙11	ブイン	ビロア、レンドバ港、ムンダ附近艦船偵察
	杉浦二郎	2飛曹	乙12	梶原輝正	上飛曹	偵練40	ブイン	敵艦船動静及天候偵察
08.28	杉浦二郎	2飛曹	乙12	梶原輝正	上飛曹	偵練40	ブイン	ブラグ島ルッセル諸島敵艦船動静偵察及天候偵察
	結城律	上飛	丙10	濱田肇	2飛曹	乙11	ブイン	ベララベラ、レンドバ島ムンダ附近艦船偵察
08.29	杉浦二郎	2飛曹	乙12	梶原輝正	上飛曹	偵練40	ブイン	ニュージョージア方面敵艦船及天候偵察
08.30	若松幸三	上飛	丙10	山本成	上飛曹	甲4	ブイン	ビロア敵艦船の動静及び天候偵察、レンドバ港及び周辺艦船偵察
	佐藤正治	2飛曹	丙3	小古良夫	少尉	偵練28	ブイン	ガ島方面敵艦船動静偵察(未帰還)
08.31	若松幸三	上飛	丙10	山本成	上飛曹	甲4	ブイン	ビロア敵艦船及天候偵察、レンドバ港及びムンダ附近敵情及び艦船偵察

※「151空行動調書」から抜き出したもので推定を含む(一部に百式司偵と二式陸偵の誤記もあると思われる)。

※8月15日の前田孝雄2飛曹-菊池勇2飛曹ペアの二式艦偵がP24掲載写真の機体と思われる。当日0442にブインを発進、0615に「ギゾ島附近駆逐艦×5、輸送船中型×5南下中」と、0625に「ベララベラ天候晴、雲量3、雲高1000m、視界10㎞」と打電してきたのち、0640に「油温上る、不時着するやも知れず、位置チョイセル島中西海岸」との打電があり、0650「不時着す、位置ウチ5ソ」との第4電を報じて以後行方不明となっている。

27

第302海軍航空隊 陸上偵察機隊

流麗なボディラインを見せる二式艦上偵察機一二型〔ヨD-214〕の後ろ姿。エンジン部分が見えないのに一二型と断定するのは尾脚が固定式になっているから。また本機は一二型の後期生産機の特徴である垂直尾翼が20㎝延長されたタイプだ。第302海軍航空隊陸上偵察機隊の機体で、画面左奥に液冷型の彗星（こちらも一二型であろう）が何機も並んでいるが、中央から右奥へ向けて空冷型の彗星三三型が並んでいることから、厚木基地ではなく、愛知航空機伊保工場での受領時に撮影されたものと推定する。愛知航空機伊保工場は海軍側で挙母基地と称する、名古屋海軍航空隊の置かれた場所であった。本機には水平尾翼の偏流測定線がなく、こうした標識の記入作業は海軍側（受け取った部隊など）でなされていたことを裏付けている。302空の部隊記号〔ヨD〕は302空が横須賀鎮守府直轄の4番目の実施部隊として編成されたことを意味する（第1巻で紹介した503空は2番目で、〔ヨB〕を使っていた）。

▶使用機材の彗星を背にした302空陸偵隊の搭乗員たち。機体は一一型で、151空の機体のように、陸偵隊には不要な急降下爆撃用の二式一号射爆照準器を九五式に代えている。プロペラスピナーは銀色。302空は昭和19年3月1日付けで横須賀空の所在する追浜基地で開隊した横須賀鎮守府管区の防空を担当する部隊で、昼間戦闘機隊の第1飛行隊と夜間戦闘機隊の第2飛行隊がその主軸であったが、全軍でも珍しい陸偵(この場合の陸偵は水偵の対義語で、車輪式の飛行機のこと)搭乗員養成を担当する陸偵隊もこれに付属していた。

厚木基地の格納庫脇(ここに搭乗員たちの待機所があった)からエプロンを見る。右手前に訓練の他、要務飛行などで使われた九〇式機上練習機、2列目に彗星2機が並び、その奥に銀河夜戦が並んでいる。深山などの四発大型機の離着陸が可能な厚木基地の滑走路は長大で、それぞれ別に指揮所を設けていた関係で、第1飛行隊、第2飛行隊、陸偵隊とに、例え同期生が配属されていたとしても顔を合わす機会はなかなかなかったという。

▲昭和19年秋、彗星一二型を背にした302空陸偵隊員たち。前列左から2人目、二川敏明1飛曹（乙17）、山本良一1飛曹（乙17）、箱田飛長（甲13）。2列目左から岡島飛長（甲13）、1人おいて吉村飛長（甲13）。3列目左から平松博司1飛曹（甲11）、1人おいて小野寺義雄飛長（特乙2）、山本桂1飛曹（乙17）、和地栄一2飛曹（甲12）、船津清次1飛曹（乙17）で、階級は11月1日の進級以降のもので表記した。前方遮風板（前部固定風防）部の胴体に記入された3本の白い線は降下に入る際の目安として使用する表示線に似ているが記入位置が少々違い、操縦員が波頭などと併せて偏流測定線として使うもの。

◀彗星一一型〔ヨD-13〕の機首かたわらに立つのは赤澤俊次少尉。東京高等工芸学校出身の第13期飛行専修予備学生で、大井空で偵察の特修学生を終えて302空陸偵隊へ配属。中尉に進級していた昭和20年3月15日に、最先任者として瀧本義正少尉と横山保少尉らと百里原空へ転出するが、その改編にともなって谷田部空へ転勤し、終戦を迎える。

▲彗星一二型の機上で談笑するのは302空陸偵隊の中川好成中尉(左・第3種軍装)と倉本和泰少尉(右・飛行服)。P28〜29見開きページの〔ヨD-214〕と同一機と思われ、だとするとこの写真に書かれていた「於、挙母基地」というキャプションが両方の写真に生きてくる。中川中尉は海兵72期出身、倉本少尉は第13期飛行専修予備学生出身だが、気の置けない様子が伝わってくる。先に厚木へ出発するのか、倉本少尉はカポック(救命胴衣)を着け、飛行服の左ひざポケットに図盤を突っ込んだ搭乗直前の彗星操縦員のスタイル。

▶彗星に搭乗した302空陸偵隊の石井隆1飛曹。乙飛16期出身の彼は、この写真が撮影されてしばらくした昭和19年夏頃に攻撃第263飛行隊彗星隊へ転出、台湾沖航空戦へ参加する(第1巻参照)。坪井晴隆飛長が中川好成中尉らとともに昭和19年11月末から12月初めに松山基地へ空輸に出向いた際には、石井隆上飛曹(進級)の懐かしい顔に再会したという。台湾から帰還した上飛曹はこの時、偵察第61飛行隊を経て601空へ転属しており、すでに神武特別攻撃隊の誘導機として編成されていたからか、坪井飛長らとの別れ際に「さきに行ってっからなぁ!」と力強く発したという。12月15日に松山を発した彼ら神武特別攻撃隊はフィリピンへ渡り、石井上飛曹も昭和20年1月6日に戦死する。

▲彗星の偵察席に立ち上がってポーズを決めるのは302空陸偵隊の山本良一1飛曹（乙17）。飛行練習生を卒業して302空に配属され、のち陸偵隊から第2飛行隊彗星夜戦分隊（のち第3飛行隊彗星夜戦分隊となる）に転じるが、終戦まで一貫して302空で戦った数少ない偵察員だ。ちょうど頭の部分に隠れて見えないが、尾翼へ張ったアンテナ線が無線空中線支柱を介して偵察席左側の引き込み檣（機体から飛び出ている）に繋がっているのが見える。画面中央手前の銀色の棒は、翼上への乗り降りの際に使う「手掛け」。本機独特の風防の形態がよく観察できる。

◀陸偵隊の彗星に乗り込んだ福元猛寛少尉。第13期飛行専修予備学生出身のひとりで、陸偵隊解散の際に第2飛行隊彗星夜戦分隊に編入されるも、昭和20年1月初めに攻撃第3飛行隊附となって転出。乗機を空冷の彗星三三型に乗り換えて沖縄作戦に馳せ参じ、4月17日の敵機動部隊攻撃で戦死する。

33

昭和19年夏の厚木飛行場で主脚を折って擱座してしまった302空陸偵隊の彗星一一型〔ヨD-12〕で、無線空中線支柱（アンテナマスト）には旗をくくり付けて周囲へ危険を知らせている。薄くてわかりづらいが、本機の機首にはP31下段に掲載した写真の機体のように機番号「12」が記入されている。302空陸偵隊は錬成部隊的な立場だったからか、前部遮風板を平面タイプに改修し直した艦偵改造機を使用しておらず、ほとんどが二式一号射爆照準器を外した状態で訓練に使用していた。右主翼（画面向かって左側）上面の日の丸と その白フチが少し見えているのがおもしろい。

昭和19年も末にさしかかった頃に撮影された302空陸偵隊の彗星一二型〔ヨD-237〕。二式一号射爆照準器を外した、陸偵隊の標準仕様ともいえるが、主翼下面に小型爆弾架が取り付けられているのがこれまで紹介した機体とは異なる。昭和19年11月1日以降、サイパン、テニアンなどマリアナ諸島を基地とするB-29の偵察来襲が始まる（11月24日に東京初空襲）と、302空陸偵隊も第1飛行隊、第2飛行隊とともに装備機材の彗星をもってその邀撃戦に参加。写真の機体はこの頃の陸偵隊の彗星を表すもので、中川好成中尉や荒澤辰雄飛曹長らが三番三号爆弾を翼下に吊るして出撃した。やがて12月15日の改編で302空陸偵隊は解散となり、陸偵隊長の佐久間武大尉、中川中尉ら基幹員は愛知県明治基地に展開していた錬成航空隊の第210海軍航空隊陸偵隊の教官・教員として転勤していく。錬成員の多くは各地の部隊へ転勤する者、302空第2飛行隊彗星夜戦分隊へ編入される者とわかれたが、その多くが終戦までの戦いで散っていった。

▲厚木基地のエプロンに並んだ彩雲一一型〔ヨD-292〕と彗星。右の彗星の翼下には小型爆弾架が見える。302空には11月になって彩雲がやってきたが陸偵隊ではあまり登場する機会がなく、その活躍は昭和20年3月以降にまで待たねばならない。

◀P94のコラム記事に関連して、愛知航空機から受領したばかりの302空の彗星をご覧いただく。画面右上に尾翼に大書された製造番号下2ケタの後端が見えている。被写体の人物は乙飛17期の操縦員、五十嵐1飛曹。

episode 12

熱き青春を燃やした第302海軍航空隊陸偵隊のこと

第302海軍航空隊といえば、闘将、小園安名司令が率いて本土防空戦を展開した部隊として知られるが、そこには海軍でも珍しい組織があった。第1飛行隊や第2飛行隊と比べて単に「陸偵隊」と称されたその主な装備機は二式艦偵／彗星。海軍陸上偵察機隊へ搭乗員を供給するのがその任務だ。

陸偵隊という第3の存在

　第302海軍航空隊、略称302空は昭和19年3月1日付けで開隊、横須賀鎮守府直轄の防空戦闘機隊として編成に着手された。司令は古くからの海軍戦闘機隊指揮官として知られる小園安名中佐（海兵51期。のち大佐）だ。

　その兵力は新鋭の局地戦闘機雷電を軸として横須賀海軍航空隊の置かれていた追浜基地で錬成する乙戦隊と、木更津基地で、司令自らが実用化したともいえる夜間戦闘機月光をもって錬成する丙戦隊からなっていた（やがて前者が第1飛行隊、後者が第2飛行隊として整備されていく）。

　そこへ、開隊と時を同じくして、502空から海兵64期の菅原信大尉を分隊長とする陸偵隊が編入されてくる。

　第502海軍航空隊は佐伯海軍航空隊を基幹として昭和18年9月15日付けで編成された錬成航空隊であった。錬成航空隊とは、練習航空隊と実戦航空隊（実施部隊）の間に位置して、練習航空隊での"時代遅れの実戦機"の経験しかない搭乗員に"本当の実戦機"を経験させるための組織。艦爆の佐伯空が502空となったように、艦戦は厚木空が203空に、艦攻は築城空が553空となって第51航空戦隊の麾下に編制されていた（空母飛行機隊用の組織は50航戦）。

　502空の任務はもちろん、各地の基地艦爆隊へ新鋭艦爆彗星に乗れる即戦力の搭乗員を供給すること。創設間もない千葉県茂原基地で編成された同隊は、同じ彗星をベースとする二式艦上偵察機が陸偵隊の主装備となっていた関係で、その搭乗員の養成も請け負うこととなった。

　ところが、昭和19年2月に502空を含む51航戦が第12航空艦隊の麾下となって北方の防衛に転用されることになると、彼ら陸偵隊だけを残置する。これが302空へ所属替えとなったのである。

　分隊長の菅原大尉はかつて第3航空隊分隊長として南西方面を九八陸偵（御本人はこの呼び名に首を傾げ、「我々は神風偵察機と呼んでいました」とおっしゃっていた）で飛び回った経験の持ち主。

　同じ千葉県の木更津基地へ移動した陸偵隊は引き続き彗星を霞ヶ浦の第1航空廠や横須賀の第2航空廠から空輸し、時には同じ木更津の第2航空廠補給部から百式司令部偵察機を受領して訓練に邁進する。ここで注意したいのは302空が陸偵隊の装備機を二式艦上偵察機ではなく「彗星一一型」と記録していること。隊員たちも自らの愛機を彗星と称した。

　着任とともに菅原大尉は302空の夜戦隊と陸偵隊を束ねる木更津派遣隊長となったが、4月15日付けで151空麾下の偵察第101飛行隊長として転出、4月5日付けで302空分隊長に発令されていた時枝重良大尉（海兵66期）が代わって木更津派遣隊長となった。

　ほどなくして陸偵隊、夜戦隊はともに新たな基地として定められた厚木基地に移動、追浜にいた乙戦隊と合流し、ここに302空はその陣容を構えるにいたった。

▲302空が本拠を構えた厚木基地の全景。滑走路を挟んで東西両側にエプロンと格納庫が建ち並んでいた（写真／国土地理院）

彗星こそ我が愛機

　昭和19年6月中旬、宮崎空での陸攻操縦の実用機教程を終えた坪井晴隆上等飛行兵は同期生たちとともに初の実施部隊となる302空陸偵隊の門を叩いた。乙種飛行予科練習生合格者のなかから年長者を「乙種〔特〕飛行予科練習生」として採用し、短期間の地上教育を施して飛行練習生へと進ませる、いわゆる「特乙（とくおつ）」の第2期生となる坪井上飛らは、実施部隊にいる搭乗員のなかでももっとも身分が下の存在。心細いなかで着任した実施部隊で親身になって「これはこうする、この場合はこうやって対処する」などと教えてくれたのは同じ特乙の先輩、第1期生たちだった。

　無我夢中で乗った彗星。もともとマレー沖海戦で活躍する陸上攻撃機に憧れて予科練に入った坪井上飛だったが、この高速で獰猛な愛機に惚れ込むには時間はかからなかった。

　錬成員としてひと通りの操縦をマスターすると先輩たちに混じり、大掛かりな整備から仕上がったばかりの機体の試飛行や、新機の空輸もこなすようになってくる。

　「霞ヶ浦の航空廠へ飛行機を受け取りに行くと、普段使わないような艤装、搭載品を一式揃えて空輸となります。両翼の増槽はカラでも相当な空気抵抗になっているのを感じました」と、語る坪井氏。飛行作業に明け暮れる毎日で、こんな失敗も。

　彗星による高高度飛行を終えて厚木基地へ降り立ち、飛行機からしばらく離れたところで一服していると、「あの彗星に乗っていたのは誰かっ！？」と整備分隊からのものすごい剣幕。どうしたのかしらん？　と振り返ると先ほど乗っていた彗星の機首周辺から猛烈な蒸気が吹き上がっている。

　「高高度飛行をする際には冷却液を冷やし過ぎないよう、ラジエターのフラップは締めておく。でも、飛行場に帰る時には高度を下げながら徐々にフラップを開けなければ冷却が間

▶陸攻の実用機教程を終え、昭和19年6月に302空陸偵隊にやってきた坪井晴隆上飛。ここで終世忘れえない上官・戦友たちに恵まれる。写真はその配属間もない頃に写真館で撮影したもの。「飛行帽や飛行手袋を隊外へ持ち出すのは御法度。でも搭乗員だからそうした写真を撮りたい。だから、お前は飛行帽、俺は手袋と分担して持ち出したんです」と坪井氏の談。手袋に「ミヤケ」とあるのはそんな理由なんだとか。

▲第13期飛行専修予備学生の小平知男少尉。泰然自若とした偵察士官で、坪井上飛操縦の彗星に度々同乗、試飛行中のエンジンストップにも落ち着いた態度を見せた。九九艦爆二二型を背にして。

に合わなくなってオーバーヒートしてしまう。そんな初歩的なことを忘れた失敗でした」

　なるほど、坪井氏の語ることはもっともで、そういえば陸軍の三式戦闘機「飛燕」が真冬での帝都邀撃哨戒を終えての着陸後、ラジエターフラップを全開にしている写真を思い出す。

　7月には第13期飛行専修予備学生の偵察専修者たちが302空の各隊へ着任、何名かが陸偵隊へも配属されてくるが、それよりも前、5月15日に前期組の偵察予備学生たちが着任していた。坪井上飛は、そのなかでも小平知男（おだいら・としお）少尉とは度々ペアを組んで飛ぶようになった。

　これはその小平少尉との失敗の話。

　ある日、エンジン整備のなった彗星の試飛行のため、小平少尉と厚木基地を離陸した坪井上飛。横須賀海軍工廠で艤装中の空母信濃をひと目見てやろうとのいたずら心が湧き上がり、ちょっと機首を横須賀軍港の方角へひねってみた。

　ところが……。しばらく飛行していると、エンジンが突如として息をつきはじめた。混合気の調整、油圧のチェック、燃料ポンプなどいろいろと手を施すが、どうにも馬力が戻ってこず、厚木基地まで帰れそうもない。

　「分隊士、どこか平地を選んで不時着します！」

と、伝声管で小平少尉に声をかけると、後席からは

　「うぉーい（はぁーい）」

と落ち着いた返事が返ってくた。こんな非常時にもパニックにならず、肝の座った少尉の態度に、自分まで気が落ち着いてくる。ようやく厚木基地近郊の保土ヶ谷に適当な原っぱを見つけて胴体着陸を敢行。大破することなく、見事に行き足を止めることができた。操偵ともにケガはない。

　救援に駆けつけた整備分隊に飛行機の処理を任せ、報告の

▶中川好成少尉は海兵72期出身。海兵卒業と同時に第41期飛行学生となった彼は、百里原空での艦爆操縦学生を終えて昭和19年7月29日付けで302空附となり、陸偵隊に着任した。

ためにひと足先に厚木基地へ帰り着くと、こう断じられた。

「エンジンを直した機体の試飛行では、何が起こるのかわからんから基地が見えるところで飛行するのが基本だ。どうして空域外へ飛んでいったのか!? お前は当分飛行停止!」

何とも申し開きができない始末に本人大いに反省。慣れた時が一番危ない、頭を冷やせという意味の飛行停止だった。

"見敵必戦"から"見敵退避"へ、でガッカリ!?

日本海軍の伝統は見敵必戦がモットーだ。ところが、陸偵は敵を見つけたら戦うことなくして必ず生還し、偵察結果を報告するのが主任務である。

海軍兵学校第72期を卒業後、すぐに第41期飛行学生として霞ヶ浦空で中練操縦をならい、百里原空での艦爆操縦の実用機教程を終えて昭和19年7月に302空附となって陸偵隊にやってきたのは中川好成少尉と長尾利男少尉。

「艦爆兄さんいなせだね〜」などと号していた艦爆野郎は荒くれ者ぞろい。急降下爆撃で1機1艦をやっつけるのが信条だったが、配属先が陸偵隊と聞いてがっかり。それでも、偵察の重要性を痛感し、飛行学生の時の九九艦爆とは格段に操縦の難しい彗星を飛ばしはじめる。

ベテランの特務少尉から「写真偵察の時には高度差±50m、速度は±5ノット、針路は±3°以内の計器飛行が必要」と言われ、座席を一番下にまで下げて往復400浬を飛行、「伊豆半島の下田沖くらいについたかな?」と座席をあげたら駿河湾上空にいたなどと失敗しつつも、9月15日に海軍中尉に任官する頃にはいっぱしの陸偵乗りとして挙母の愛知航空機や霞ヶ浦の第1航空廠へ新機受領に行くようになった。

しかし、そんな11月7日、第1航空廠からの彗星空輸に赴いた長尾中尉は箱根山中に墜落、同乗の整備員とともに殉職する。これに同行したのが坪井飛長(11月1日進級)だった。

「長尾分隊士の方が私より先に霞空を出発したのですが、当日は天候が崩れかけていて……。同乗していたのが偵察員でなかったことも事故の原因だったかもしれません」

松山基地で出会った懐かしい顔

昭和19年11月末から12月初めにかけて、中川中尉は木元義男2飛曹(丙14)、坪井飛長らを連れて松山基地からの空輸に赴いた。

当時の松山基地では第1航空戦隊の第601海軍航空隊が、マリアナ決戦後、遅々として進まない再編成をしていた。レイテ決戦に兵力を小出しにし、また11月15日に「K攻撃部隊」を抽出したのがまた痛手となっていた。

そんなところへ到着した空輸隊だが、そこにはかつて302空陸偵隊でともに過ごした懐かしい顔があった。乙飛16期の石井隆上飛曹である。

坪井上飛らが302空陸偵隊に配属された当時、乙飛16期は錬成員として仕上げの段階に入っていた。この先輩たちの頼もしい背中を見ながら、実施部隊に慣れていったのである。

やがて、石井1飛曹はマリアナ決戦からの再挙を図る653空麾下部隊のひとつである攻撃第263飛行隊へ転勤していったのだが、松山基地で再会した時にはすでに台湾沖航空戦に参加してひと働きしたあとだったことになる。

何げない会話の端々にも近々出撃することをにおわせていた石井上飛曹は、やがて坪井飛長らと別れ際に

「先に行って待ってるからなーっ!」

と、大きく手を振った。

「我々もー!(あとに続きますの意)」

それがこの当時の搭乗員仲間の一期一会だった。

中川中尉も松山で同期生の床尾勝彦中尉らと再会。彼らは「これからフィリピンに進出するんだ」と話したという。

彼らは12月15日、601空で編成された神武特別攻撃隊の

▲松山からの空輸は徳島、豊橋、大井の各基地で、足の短い二式初練へ給油しながらだった。写真は大井空で中川中尉が撮影したもので、中央前が坪井飛長、左が木元義男2飛曹(丙14)。

彗星誘導隊としてフィリピンへ飛び201空へ編入。石井上飛曹は昭和20年1月6日、第23金剛隊の誘導機として出撃、未帰還となる。その任務を果たして特攻隊に殉じたものとみなされ、全軍布告され海軍少尉に任ぜられた。床尾中尉は攻撃第102飛行隊に転じ、4月1日に特攻忠誠隊で戦死する。

松山からの帰路、中川中尉の乗る九三式中間練習機"赤とんぼ"を1番機に、木元義男2飛曹、坪井飛長らが乗る3機の"ユングマン"こと二式初等練習機が付いていく。航続力の短い二式初練のため、道中で何度も途中基地に立寄り、また飛練以来のスタント(特殊飛行)を楽しんだのが思い出となった。

陸偵隊よ、さらば！

昭和19年11月1日にマリアナ諸島を本拠とするB-29(偵察機型のF-13)が来襲するようになると、それまで北九州に派遣隊を出したりしていた302空も総員配置でその邀撃に当たることとなり、第1飛行隊の雷電、零戦、第2飛行隊の月光、彗星夜戦、銀河夜戦が出撃していくのに負けじと陸偵隊では中川好成中尉や荒澤辰雄飛曹長(操練39)らが彗星の翼下に三番三号爆弾を懸吊して高高度邀撃に参加。

20mm斜め銃を搭載した彗星一二戊型に比べて軽量な陸偵隊の彗星は、302空の装備機材のなかでは雷電の次に高高度性能が優れていたといえたが、機首に搭載した頼みの7.7mm固定機銃はたちまち凍り付いて射撃不能となってしまい、「以後は取り外しました」(中川好成氏の談)とのこと。

しかし、こうした邀撃戦への参加は短期間で終わり、12月15日に302空陸偵隊は解隊されることとなった。

隊長の佐久間武大尉以下、中川好成中尉、荒澤飛曹長、木元義男2飛曹ら基幹員たちは彗星5機に乗って、愛知県明治基地の第210海軍航空隊陸偵隊に転勤。

荒木孝少尉、倉本和泰少尉、小平知男少尉ら第13期飛行

専修予備学生たち、また山本良一1飛曹、坪井晴隆飛長、小野寺義雄飛長らは302空第2飛行隊彗星夜戦分隊へと転属し、本格的な本土防空戦に参陣していく。

■302空陸偵搭乗員名簿(准士官以上)

操縦				
氏名	等級	学生練習生期／卒業年月日	出身機種	総飛行時間
森 勇	中尉	特学12／19.01.14	艦攻	311.25
荒木 孝	少尉	特学13／19.05.25	観測機	93.05
倉本 和泰	少尉	特学13／19.05.25	観測機	91.05
中村 程次	少尉	特学13／19.02.25	艦攻	156.00
中山 邦男	少尉	特学13／19.02.25	艦攻	121.25
遠藤 利徳	飛曹長	操練40／13.02.15	艦爆	3378.30
上別府義則	飛曹長	操練40／13.02.15	艦爆	2195.40
荒澤 辰雄	飛曹長	操練39／13.01.15	艦攻	2647.35

偵察				
氏名	等級	学生練習生期／卒業年月日	出身空	総飛行時間
菅原 信	大尉	飛学31／14.03.10	—	1153.40
佐久間 武	大尉	特修38／17.10.31	—	562.00
森田 利明	少尉	特学13／19.05.15	鈴鹿空	51.55
後藤 允	少尉	特学13／19.05.15	鈴鹿空	49.40
鎌苅 松男	少尉	特学13／19.05.15	鈴鹿空	52.45
小平 知男	少尉	特学13／19.05.15	鈴鹿空	47.55
川原 縣	少尉	特学13／19.07.24	大井空	31.00
佐藤 弘	少尉	特学13／19.07.24	大井空	33.00
久保 郎	少尉	特学13／19.07.24	大井空	32.30
杉田 正一	少尉	特学13／19.07.24	大井空	31.15
高橋 元一	少尉	特学13／19.07.24	大井空	31.00
塩田 和雄	少尉	特学13／19.07.24	大井空	36.05
赤澤 俊次	少尉	特学13／19.07.24	大井空	26.35
横山 保	少尉	特学13／19.07.24	大井空	30.30
福元 猛寛	少尉	特学13／19.07.24	大井空	36.30
大場 倉吉	少尉	特学13／19.07.24	大井空	31.00
田中 正雄	少尉	特学13／19.07.24	大井空	30.00
瀧本 義正	少尉	特学13／19.07.24	大井空	30.00
宮川 勲	少尉	特学13／19.07.24	大井空	33.10
山寺 博夫	少尉	特学13／19.07.24	大井空	34.10
高橋 芳松	少尉	特学13／19.07.24	大井空	35.45
土崎 一	少尉	特学13／19.07.24	大井空	25.15
甲本 信義	少尉	特学13／19.07.24	大井空	36.50
三好 重成	少尉	特学13／19.07.24	大井空	31.30
前田 治	少尉	特学13／19.07.24	大井空	24.45
末松 尚	少尉	特学13／19.07.24	大井空	25.50
木崎 義丸	飛曹長	偵練24／08.10.14	—	2114.35
西本 幸一	飛曹長	偵練34／12.03.09	—	2135.05
森 清治	飛曹長	偵練33／11.11.14	—	1300.00
寺本 猛雄	飛曹長	甲1飛練／14.07.14	—	1343.15

▲側溝に足を突っ込んで仲良く座った302空陸偵隊の下士官兵搭乗員たち。左端前は山本良一1飛曹(乙17)、その後ろは木元義男2飛曹。木元飛長は210空へ、山本1飛曹は302空彗星夜戦分隊へ転属する。

▲ガリ版刷の原史料には「昭和19年6月現在」とあるが、7月24日に後期学生を終えた第13期飛行専修予備学生の名が見える(あとから書き加えたらしい)。302空附と発令された予備学生のうち誰が陸偵隊に来たのか(辞令公報には記載されない)、また当時、どの程度の訓練を受けていたかがわかり大変貴重だ。偵察の予備学生のみ特修科学生卒業航空隊を記載した。

これ、なんでしょう⁉

資料の少ない日本陸海軍機には、時として定説にはないバリエーション機が出現することがある。ここに掲げる彗星も、ちょっと目にしたことのないものだ。

　ここに掲載した2枚はそれぞれ別々に提供された彗星の写真なのだが、いずれも機首の周りに見慣れない突起物を有していることがわかる。
　そのひとつは滑油冷却器の搭載位置の下に設けられており、方向的に、後方を向いて開口し、空気を逃がすためのエアスクープと思うのだが、現存する「D4Y2取扱説明書」などには記載がなく、確証が得られていない。
　こうした不思議なバリエーション機とも言うべき機体は、まだまだ発見されることだろう。

▲一二型と思われる液冷彗星の機首を捉えた1葉。機首下面に2つ、滑油冷却器（オイルクーラー）用開口部の下面に1つ突起が見えるほか、水冷却器用フラップの後ろにも突起が見られる。一二型の初期に見られた油温の異常上昇を緩和するための実験機と推定するが、いかがだろうか？

◀こちらはまた上掲写真とは別のルートから提供された液冷彗星。突起の付いた部分は一致するが、機体各部の状態から両写真の被写体は同一機かどうか。なお、僚機とも脚カバー内側は黒く塗装されているようだ。

第7章
彗星夜戦隊

日本海軍の夜間邀撃兵力の基幹は「月光」であったが、昭和19年中盤になるとその補助兵力となる機体が既存機から改造製作されるようになる。彗星もそのひとつで、20mm斜め銃1挺を偵察席後方に装備した夜戦型の一二戊型が登場した。本章ではその彗星夜戦を装備した2つの部隊について紹介しよう。

大戦末期に登場した彗星夜戦の主戦場は日本本土(もちろん沖縄も入る)であった。写真は終戦後しばらくして熊本県健軍陸軍飛行場で撮影された彗星一二戊型で、画面右には陸軍の九七式戦闘機が見える。

第302海軍航空隊
第2飛行隊彗星分隊／第3飛行隊

昭和20年初頭の関東平野の寒空を飛行する第302海軍航空隊第2飛行隊彗星分隊の彗星一二型〔ヨD-238〕。後期生産型の1機で、垂直尾翼の丈が高くなっている。昭和19年3月2日に開隊した302空は雷電・零戦の昼間戦闘機隊たる第1飛行隊、月光・彗星夜戦・銀河夜戦の夜間戦闘機隊たる第2飛行隊、そして前章で紹介した偵察機要員の錬成組織である陸上偵察機隊という陣容だったが、同年12月に教官・教員を務める基幹員が第210海軍航空隊へ転出し陸偵隊は解隊、錬成員は第2飛行隊の彗星分隊へ編入された。すでに11月からB29の本土空襲が始まっており、夜戦型ではない彗星も翼下の爆弾投下器に三番三号爆弾を懸吊して邀撃に参加する。

同じく昭和20年初頭の関東平野上空を飛行する第302海軍航空隊第2飛行隊の彗星編隊で、手前は夜戦の彗星一二戊型〔ヨD-216〕、奥は左頁と同じ〔ヨD-238〕。夜戦型の方も翼下に小型爆弾投下器を取り付けているのがわかる。背景は厚木近郊の丹沢大山山系のようにみえる。

▲昭和20年1月2日、飛行初めを実施する302空第2飛行隊の彗星たち。高度は富士山の山頂(現在の標高3776.24m)よりも少し低めの3500m程度か。奥の3機はやや緩やかな隊形を組みつつも、セオリーどおり1機高ずつ高度を上げている様子がわかる。冬の富士山近辺はとくに気流が悪く「操縦桿を大きく取られながらのヒヤヒヤした飛行でした」とは、陸偵隊から彗星夜戦分隊員となったひとり、坪井晴隆氏の談。

▲302空第2飛行隊の彗星一二戊型と高島輝少尉。斜め銃は写っていないが、夜戦型特有の前方遮風板(固定風防)と、その上部に取りつけられた斜め銃用の簡易照準機が見え、夜戦型であることがわかる(九八式射爆照準器は撤去)。機体の脚カバーの記入された「4」は機番号ではなく、整備担当の分隊(第4分隊)を表している。

◀同じく302空第2飛行隊の高島 輝少尉と彗星一二戊型〔ヨD-215〕。右端に写っている角張った前方遮風板の形状から夜戦型とわかるが、こちらは九八式射爆照準器を搭載したまま。プロペラブレードやスピナーが銀色のままの夜戦型は珍しいが、本土防空戦の本格化とともにやがて茶褐色に塗装されたことだろう。高島少尉は明治大学出身の第13期飛行専修予備学生で、中練教程を経て宇佐海軍航空隊で艦爆操縦専修を終え、昭和19年7月25日付けで302空へ配属されたが、昭和19年12月28日の薄暮邀撃に参加した際に降着時の事故により全身大火傷を負い、翌日落命する。

302空第2飛行隊の彗星一二戊型を背にした荒木孝少尉。ちょうど少尉の頭に隠れてしまっているが、機番号は〔ヨD-238〕〔-228〕〔-226〕〔-236〕のいずれかと思えるが、他の写真とを併せて考察して……）と思われる。彗星夜戦の場合は「ヨ」の左端にくさび形の「はね」があり、「D」の右側の曲線部分も小さいのが機番号書体の特徴。着艦フックは取り付けられておらず、その基部が胴体下面に突き出たように見える。

荒木少尉は浜松工業学校出身の第13期飛行専修予備学生であったが、もとは二座水偵操縦者で実用機教程は鹿島空前期組で終えていた。謹厳実直な人柄で、陸偵隊時代に特攻隊への志願者を募る紙片を提出させた際、坪井晴隆飛長が分隊士である自分の所へ「○（特攻を志願するの意）」を付けて持って来たのを「オマエは後顧の憂いなき人間ではない」として破り捨てたという。しかし、荒木少尉自身は特攻を志願したものか、昭和20年1月5日付けで攻撃第3飛行隊へ転勤し、4月6日の沖縄近海機動部隊攻撃で特攻戦死する。なお、K3分隊士であり海兵73期生であった松永榮氏の著書『大空の墓標』（大日本絵画刊）に、出撃直前に書かれた荒木中尉の遺書が収録されているので御一読いただきたい。

左ページ写真と同じく彗星一二戊型〔ヨD-238〕を背にした第2飛行隊彗星夜戦分隊の瀧本義正少尉(左)と横山保少尉(右)。瀧本少尉は山口高等商業から、横山少尉は明治大学から第13期飛行専修予備学生を志願、ふたりとも偵察術専修の特修科学生を大井海軍航空隊で終えて302空附となり陸偵隊に配属され(P41表参照)、のち彗星夜戦分隊へ転属した。やがて昭和20年3月15日付けで9名の302空同期生とともにふたりはそろって百里原海軍航空隊附となって転出したが、練習航空隊が実戦部隊へ移行したこの時期の転勤は特攻要員といえた。その百里原空で編成された練習特攻隊「常盤忠華隊」の一員となり、転勤から1ヶ月もしない4月12日の沖縄周辺敵艦船攻撃でふたりとも戦死してしまう。操縦席には誰かが乗り込んで計器配置の勉強中のようだ。

▶彗星一二戊型の操縦席に乗り込んだ荒木隆少尉。前部固定風防の上方に取り付けられた20mm斜め銃用の簡易照準器が良く分かる。彗星夜戦の斜め銃用照準器は月光の三式照準器とはかなり趣が違う簡素なものだ。なお、302空の彗星は昭和19年11〜12月にB29を高高度邀撃した際に機首の7.7mm固定機銃が凍りついて射撃不能となった戦訓からこれを撤去したため、九八式射爆照準器も取り外されていた。

▲彗星一二戊型の前部固定風防に手をかけ、ポーズを決める坪井晴隆飛長。特乙2期出身の彼は若いながらも302空陸偵隊時代から彗星操縦に携わっており、陸偵隊解散後は第2飛行隊彗星夜戦分隊へ転属、昭和20年2月にはその経験を買われ、彗星夜戦隊として再出発することになった戦闘第812飛行隊へ引き抜かれる。首にかけている航空時計は本来は計器盤にはめ込むためのものだが、廃機になった機体などから員数外のものを融通して使うのが粋（イキ）だった。

▲彗星一二戊型の操縦席に乗り込んだ小野寺義雄飛長。機体の様子から左ページの坪井飛長といっしょに写っているものと同一機とわかる。小野寺飛長は坪井飛長と同期生の特乙2期出身。台南空で艦爆操縦の実用機教程を終え、昭和19年5月25日にひとりだけ302空陸偵隊へ配属された。この後、終戦まで彗星夜戦分隊（途中で彗星夜戦分隊は第2飛行隊から独立して第3飛行隊となる）所属のまま戦い続け、終戦直前の8月13日に302空夜戦兵力で実施された房総半島沖の敵機動部隊夜間攻撃にも参加し、無事帰還している。夜戦型固定風防自体の形状や、その後端、第1可動風防と合わさる部分の形に注意。

◀彗星一二戊型〔ヨD-238〕を背にした乙飛第18期飛行予科練習生の偵察員、藤本2飛曹。冷却器用のフラップが開状態になっている。

▲厚木基地の格納庫前のエプロンに並べられた夜戦群を背に、はいポーズ……、ちょうど眼をつぶってしまった山本良一飛曹。画面左に駐機する彗星一二戊型〔ヨD-216〕はこれまでにも度々紹介した機体で、胴体の日の丸に付けられた白フチが眼を引く。風防から突き出したアンテナと斜め銃を覆うカバーの様子が興味深い。画面の左右奥に駐機するのは同じ第2飛行隊の月光。5月1日には上飛曹に進級し、苛烈な防空戦を戦い抜いて終戦を迎えた。

▶彗星一二戊型〔ヨD-226〕を背にした犬丸隆次（302空発令時は秋田姓）中尉（左）と山本良一飛曹（右）。機首に「226」と書かれた下に空気取り入れ口が設けられているのがわかる。犬丸中尉は九州大学出身の第13期飛行専修予備学生前期組のひとりで、実用機教程を鹿島空で終えた二座水上機操縦専修者だった。山本一飛曹は乙種第17期飛行予科練習生出身の偵察員で、302空陸偵隊から編入された隊員だ。本〔ヨD-226〕はふたりが頻繁に登場した機体だった。

昭和20年5月末、厚木基地で彗星一二戊型〔ヨD-228〕の尾翼を背にした第3飛行隊彗星夜戦分隊の中芳光上飛曹（右）と倉本和泰中尉。中上飛曹は15志、丙飛4期出身、もとは二座水上機操縦員で、ソロモン方面に展開する958空では零式観測機に登場して敵機との苛烈な空戦を経験した持ち主。302空へ転勤して陸上機に転科すると彗星夜戦分隊の先任下士官となり、下士官兵搭乗員の先頭に立ってB29邀撃戦に参加した。温和な性格に秘めた闘魂は、やがて写真の機体の尾翼にも描かれているようにB29の撃墜5機（八重桜のマーク）、撃破4機（桜のマーク）の戦果となって発露される。しかし、この殊勲の機体も、中上飛曹の操縦で昭和20年8月13日の房総半島沖敵機動部隊夜間攻撃に参加し、帰路に悪天候の中で木更津基地へ降着した際に主脚を折り、その役目を終えた。倉本中尉は広島高等工業から第13期飛行専修予備学生の前期組となり二座水上機操縦の実用機教程を鹿島空で終えてのち302空陸偵隊に配属され、陸上機に転科した人物だったが、この写真が撮影されて間もない6月10日のB29邀撃戦で戦死する。

◀ダイナミックな30㎜斜め銃を搭載した彩雲一一型改造夜戦〔ヨD-295〕に隠れて見過ごされがちだが、その向こうに三三型改造夜戦が写っていた（わずかに写る機種部分からそれと推定できる）。本来、彗星夜戦は一二型がベースとなる計画で、それに沿って一二戊型が製作されたのだが、機体の構造は基本的に同じなのでこうした改造機を作ることもできるわけだ。脚カバーに記入された機番号の下二ケタ「53」から本機が〔ヨD-253〕であるとわかる。その上に記入された「4」は彗星の整備を担当した302空第4分隊を表すものと思われる。

episode 13

第302海軍航空隊彗星夜戦隊 もうひとつのヒストリー

昭和19年11月から本格化したB-29の日本本土空襲で死力を尽くした302空。彗星夜戦も20㎜機銃1挺という決して恵まれたとはいえない武装で超重爆を追い求めたが、一方で中堅隊員たちは次々と各地の実施部隊へ転勤していった。これは302空彗星夜戦隊のもうひとつの物語である。

夜戦隊への転身

　第302海軍航空隊は乙戦（局地戦闘機）、丙戦（夜間戦闘機）を装備する2隊により横須賀鎮守府管区の拠点防空を行なう兵力として昭和19年3月1日付けで開隊した。軍港やその周辺のみに担当空域が限られるのは陸海軍中央協定により本土全般の防空は陸軍が担当することに決められていたからだ。

　そしてその2隊が厚木に集結した6月になると、乙戦隊が第1飛行隊、夜戦隊が第2飛行隊というようなかたちに仕上がってくるが、その第2飛行隊の兵力が夜間戦闘機月光だけでは兵力的に心もとないと考えられるようになる。

　その頃、横須賀空夜戦隊で研究されていた、九九式二十粍（20㎜）二号固定機銃四型1挺を偵察席後方に斜め30°に搭載した彗星一二型改造夜戦の実用化のめどが立つと、これを第2飛行隊の補助機材として活用しようとする動きが生まれた。こうして創設されたのが彗星夜戦分隊であった（同じような経緯で銀河改造夜戦分隊も出来てくる）。

　同じ彗星を使用する陸偵隊に比べ、搭乗員の錬成をするわけではない彗星夜戦分隊の陣容はこじんまりとしたもの。分隊長は海兵69期の藤田秀忠大尉、分隊士に第13飛行専修予備学生の秋田隆次少尉ら鹿島空二座水偵専修卒業者がいるほかは下士官が数名いるだけ。やはり二座水偵操縦出身で戦地帰りの中芳光上飛曹（丙4）が先任下士官を勤めていた。

　昭和19年11月1日にマリアナ方面を本拠とするB-29の偵察来襲が始まると彗星夜戦分隊も邀撃戦に参加。この頃は昼間高高度空襲がB-29の戦法だったから、夜戦でありながら月光も彗星夜戦も昼間出撃ばかりだ。

　12月15日付で302空陸偵隊が解散となり、佐久間大尉ら教官・教員ともいえる基幹員たちが210空陸偵隊へ転勤すると、荒木孝少尉、倉本和泰少尉（以上操縦）や赤澤俊次中尉、小平知男少尉、瀧本義正少尉、横山保少尉（以上偵察）らの第13期飛行専修予備学生出身者や、坪井晴隆飛長、小野寺義雄飛長（以上操縦）、山本良一1飛曹（以上偵察）らは同じ302空の第2飛行隊彗星夜戦分隊へ転属が命じられた。

　彗星に乗り馴れた坪井飛長は早速、彗星夜戦分隊の搭乗割に組まれるようになり、伊豆半島の南端、石廊崎を基点とする高高度哨戒に飛ぶようになった。

「20㎜斜め銃を付けた夜戦型も陸偵の彗星と同じく飛ばせるようになってました」

とは、重量や重心が変わった夜戦型を操縦するうえで、タブの調整やその他の気遣いがあったのかどうかに対する坪井氏の答え。彗星夜戦による高高度飛行については……

「哨戒の高度はだいたい9600mくらい。この高度を飛んでいると地球が丸いのがよくわかります。1万ｍで飛ぶと旋回した時に高度を1000mも失いますが、感覚的には頭の上に広がっている真っ黒な宇宙に吸い込まれるようで、『えーっ！

▲彗星夜戦分隊の下士官たち。前列左から山本良一1飛曹（乙17）、中島熊彦1飛曹（丙10）。後列左から中芳光上飛曹（丙4）、松林輝巳上飛曹（乙16）。山本1飛曹は陸偵隊からの転属者だ。

▲昭和20年1月2日を迎えて新年の記念撮影に臨んだ302空第2飛行隊彗星夜戦分隊員一同。3列目（2列目は左側の3人だけ）椅子に座っている左から2人目、鎌苅松男少尉（予13）、金沢久雄中尉（予13）、後藤允中尉（予13）、2人おいて中央にカイゼル髭の藤田秀忠大尉（海兵69）、その右が土屋良夫少尉（予13）。4列目左から2人目に荒木孝少尉（予13）、その右隣には坪井晴隆飛長（特乙2）の姿が見える。陸偵隊からの編入者を含め非常に充実した陣容だが、本土防空戦、あるいは他隊への転出でその多くが還らぬ人となる。

ちゃんと地上に帰れるのか？』なんて思いもよぎりました」
　一度だけ偵察のB-29を視認できる距離で見つけたことがあったが、もう交代の時間でだいぶ高度を下げていたので追うことはできなかった。

夜戦乗りが艦船特攻へ

　これは時間を少し遡り、302空陸偵隊が解散する少し前、フィリピン決戦たけなわの頃のこと。10月25日に出撃した神風特別攻撃隊の戦果を受け、日本各地の海軍航空隊でも特攻要員の志願者を募る調査が行われるようになっていたが、302空陸偵隊でもそれは実施されたという。
「神風特攻のことはすでに諸君周知の通り。我が隊からも志願者を募るので、後顧の憂いのない者は封筒に入っている紙にその旨を書いて提出してほしい。誰にも相談してはならぬ」
　坪井飛長は当然のこととして志願の旨を書き、直属の上司となる荒木孝少尉の私室へ提出に赴いた。
　ところが、中身をちらり、のぞき見た少尉は、突然ワナワナと怒りで肩をうならせるや
「お前は……、お前は後顧の憂いなき者ではないっ！」
と叫び、坪井飛長をにらみつけた。特攻志願を取りまとめるはずの分隊士が翻意を説得するのを聞いていると、坪井飛長の実家で年老いた母が待っていることを荒木少尉は知っていたようだった。次第にふたりとも涙が自然とあふれて来る。
「坪井、行くなよ。行っちゃダメだぞ！」
　それからしばらく、陸偵隊ではいつも通りの毎日が過ぎていき、12月に彗星夜戦分隊に編入されてからも転勤してくる者、転入して来る者はいたが、それは海軍航空隊ではありふれた光景だった。
　荒木少尉が陸偵隊時代からの同期生、甲本信義少尉、福元猛寛少尉のほか、大塚一俊中尉、中野恒雄少尉とともに基地艦爆隊の攻撃第3飛行隊へ転勤して行ったのは昭和20年1月

▲坪井飛長にとって荒木孝少尉は陸偵隊時代からの直属の分隊士だったが、302空陸偵隊で特攻募集がなされた際には志願しないよう、飛長に説得したという。写真は九九艦爆を背にした荒木少尉。

▲左から鎌苅松男少尉（偵）、後藤允中尉（偵）、三田忠二少尉（操）の3人の第13期飛行専修予備学生と坪井晴隆飛長（後列）。鎌苅少尉は5月6日の夜間邀撃で戦死する。

5日。フィリピンから引き上げてくるK3の再編成のためで、302空彗星夜戦分隊からは金山英敏上飛曹（乙飛13）や増戸興助1飛曹（乙飛17期）らの下士官もK3へ転出している。

このK3への転勤は必ずしも特攻指名を明文化したものではないが同義ともいえ、この頃は艦爆の主敵である空母機動部隊を攻撃することは生還の期しがたい任務で、沖縄作戦へ出撃した各部隊の戦死者は特攻隊員として全軍布告、特殊任用の手続きが取られている。荒木中尉（3月1日進級）は昭和20年4月6日1555、4機のK3攻撃隊の指揮官として出撃し未帰還となった。

2月初めには坪井飛長も戦闘第812飛行隊へ転出して陸偵隊以来の懐かしい実施部隊とも離れ、3月15日には赤澤俊次中尉、瀧本義正少尉、久保強郎少尉、横山保少尉、川原縣少尉、

▲3月上旬には偵察第3飛行隊の解散により安田博中尉以下11名の第13期飛行専修予備学生たちが302空彗星夜戦分隊へやってきた。一番後に立つ福田太朗少尉もそのひとり。前列左は旧来の小平少尉。

▲5月5日、210空の改編により302空分隊長と発令されて彗星夜戦分隊へやってきた馬場義通中尉。第11期飛行予備学生出身で、工藤城治少尉（予13）とペアを組んで邀撃に参加することとなる。

高橋元一少尉ら、やはり陸偵隊以来の予備学生たちが百里原空附となって転勤していく。百里原空は本来、中間練習機と艦爆、艦攻の実用機教程を担当する練習航空隊であったが、彼らは練空の実戦部隊化により編成された特攻隊の機長、小隊長要員といえ、瀧本少尉、横山少尉は転勤から1ヶ月もしない4月12日の沖縄沖敵艦船攻撃に百里原空艦攻隊から編成された「常盤忠華隊」の一員として、久保田少尉は4月28日に同じく百里原空艦爆隊から編成の「第2正統隊」で散っていった。川原中尉（3月1日進級）は8月1日に百里原空で殉職し、赤澤中尉のみが終戦を迎える。

荒木少尉との一件を思い出す度に、「どうして自分だけ行かれたか」と思わずにおれない坪井氏も、結果的に生き残りえただけといえ、どこの配置にいれば絶対安全ということはなかった。当時は紙一重で生死が分かれていったのだ。

彗星夜戦分隊に来た新たな人員

陸偵隊以来の生え抜きの隊員たちが転勤していく一方で、新たな人員が302空彗星夜戦隊に配属されてきた。

その一例が昭和20年3月5日、偵察第3飛行隊の解隊により302空附となった安田博中尉、佐藤一郎丸少尉、福田太朗少尉、田中清一少尉、工藤城治少尉ら、11名の第13期飛行専修予備学生たち。

■ 302空第2飛行隊 機種別状況表

		11月	12月	1月	2月	3月	4月	5月
月光	実働	15	14	16	14	13	14	6
	整備中	9	5	8	5	3	5	16
彗星	実働	6	7	9	7	7	18	4
	整備中	14	9	10	12	8	12	23
彩雲	実働	―	1	2	3	2	2	1
	整備中	―	0	1	0	0	0	1
銀河	実働	2	4	8	6	12		8
	整備中	1	2	1	5	2		7
極光	実働	0	1	0	0			2
	整備中	1	1	1	0			

▲「302空戦時日誌」に記載されている各月1日現在の302空第2飛行隊/第3飛行隊の保有機数を表したもの。12月までの彗星は当然陸偵隊の分も含まれているが、実働数は非常に少なかったのがわかる。3月と4月の銀河、極光は記録漏れと思われる。

▶彗星一二戊型〔ヨD-216〕の機首に立つのは小野寺義雄飛長。特乙2期出身、台南空で艦爆操縦の実用機教程を終え、昭和19年5月に302空陸偵隊へ配属され、彗星夜戦分隊へ転属して終戦まで戦い抜いた。

B-29の空襲は3月9/10日夜の東京大空襲以降、夜間低高度絨毯爆撃に切り替わったが、4月7日の空襲から再び昼間来襲となった。硫黄島を整備した米軍はここから援護戦闘機のP-51を随伴させることが出来るようになったからである。

この4月7日の邀撃戦で藤田大尉がP-51の射弾に倒れると新たな分隊長に発令されたのが清水康男大尉（予6）。T3から転勤してきた工藤少尉は、この清水大尉や、のちに210空から転勤してくる馬場善通中尉（予11）とのペアで飛ぶようになった。

また、T3での彩雲操縦経験のある安田中尉は同期生の佐藤一郎丸少尉とのペアで彩雲一一型改造夜戦〔ヨD-295〕で邀撃戦に参加するようになっていたが、やはり4月7日の空襲でP-51と抗戦し、佐藤少尉は機上戦死を遂げる。その仇を討たんとして安田中尉とペアを組んだのが福田太朗少尉だ。

P-51の出現以後、302空の月光、彗星夜戦、銀河夜戦は昼間空襲での邀撃はせず、前橋方面や筑波空などへ空中退避する一方、夜間来襲に対しては果敢に出撃。

なお、「302空戦時日誌」には5月6日0025〜0149の三浦半島上空哨戒に発進した彗星のうち1機が墜落、鎌苅松男少尉と小平知男少尉が戦死と記述されているのだが、これは前口欣三少尉だった（小平少尉は無事終戦を迎える）。

5月24/25日のB-29夜間来襲に際し、302空は8機の月光とともに7機の彗星夜戦で邀撃。2月10日にB-29を撃墜し、彗星夜戦隊の初戦果を記録していた中上飛曹が5機目の撃墜戦果を記録した一方、2月28日付けで艦爆操縦学生を終えて302空附となった海兵73期の久保田謙造中尉と、T3からの転入者のひとりである田中清一少尉の搭乗する彗星はB-29に体当たりして戦死し、のち全軍布告されるにいたる。

翌5月25/26日の夜間邀撃では数少ない302空彗星夜戦分隊での乙17期の操縦員である山本桂上飛曹が墜落戦死（偵察員は負傷生還）、6月10日には陸偵隊以来の倉本和泰中尉（予学13）—松林輝巳上飛曹（乙16）の彗星が未帰還となった。

彗星夜戦分隊にただひとり残り、夜間邀撃戦に参加していた坪井飛長の同期生、小野寺義雄飛長は8月13日に行なわれた敵機動部隊夜間攻撃にも参加、悪化する天候を巧みに突破して帰還し、無事に2日後の終戦を迎える。

▶5月25/26日の邀撃戦で戦死した山本桂上飛曹。302空彗星夜戦隊の乙飛17期生は山本姓が2人おり、こちらは数少ない操縦員であった。

第131海軍航空隊
夜間戦闘機隊"芙蓉部隊"

昭和20年3月頃の静岡県藤枝基地で訓練に発進する彗星一二戊型で、偵察席後方の20㎜斜め銃を外している。第131海軍航空隊の指揮下にあった特設飛行隊のうち、戦闘第901、戦闘第812、戦闘第804の3個夜戦飛行隊は、131空飛行長の美濃部正少佐の下「芙蓉部隊」の名で統合運用されたのは今日では有名だ。写真の機体は戦闘第804飛行隊の使用機なのだが、本来は部隊記号を表す区分字と機体番号で構成される機番号が、機体番号だけ「27」と記入されているのが興味深い。これはちょうど写真の撮影された時に所属部隊の変更のタイミングが重なったためと思われ、いったん旧部隊の区分字を濃緑色で塗りつぶし、充分に乾かしている最中なのだろうと思われる。現存する整備記録（この資料にはちゃんと131-27と記載がある）によると本機は第11海軍航空廠製の第3163号機（通算163号機）となっている。

▲彗星一二型を背にした人物は兵から叩き上げの特務士官で、戦闘第901飛行隊の分隊長を勤めた小川次雄大尉（偵練17）。長らく水上偵察機の機長として太平洋を飛び回り、レイテ沖海戦時には重巡利根飛行長職にあった。被写体の一二型は訓練用機材で、照準器も二式一号や夜戦型が搭載した九八式射爆ではなく、九五式を装着している。

▶上掲写真で興味深いのは機首右側に設けられたエンジン起動用のエナーシャーハンドル装着位置が確認できること（このあたりは本書第1巻で佐藤邦彦氏が考察されている）。右はその拡大で、当時S901の整備員であった内堀正男氏が「エナーシャーハンドルを回す時は右肩を胴体に擦りつけるような体勢でねぇ！」と言われていたことを思い出す。

▲彗星一二戊型とS901の偵察員、服部充雄一飛曹。この写真では斜め銃搭載のため右へオフセットされた無線空中線支柱がうかがえる。水平尾翼に記入された白い線は偏流測定線。乙飛17期出身の服部1飛曹（5月1日、上飛曹進級）は長らく海兵73期の藤澤保雄中尉とペアを組んでいたが、7月4日に村木嘉幸飛長（特乙2）と伊江島飛行場黎明攻撃に出撃して未帰還となった。

◀彗星一二戊型と隊員たち。機上に立つのは太田勝二少尉、偵察席は大澤裟芳少尉。ともに第13期飛行専修予備学生のS812偵察員で、302空第2飛行隊月光分隊からの転勤組。302空時代、大澤少尉は同期生の菊地敏雄少尉とのペアで月光に搭乗してB-29邀撃に参加しており、昭和20年1月23日に見事その1機を共同撃墜した様子は新聞報道にもなった（記事掲載は1月25日）。大澤少尉は4月下旬に鹿屋基地へ進出、5月3日の沖縄北飛行場攻撃に参加し、攻撃を実施したのち鹿屋上空へ帰りついたものの乗機が突如墜落して炎上、戦死してしまう。

▲夜間戦闘機隊である芙蓉部隊の彗星は、訓練も夜間に重点を置かれるため、隊員とともにスナップとして写り込んだものの他は、機体全景を写した写真というものが非常に少ない。上掲の写真はそうした中での貴重な1枚で、昭和20年5月23日に藤枝から前進基地の鹿児島県岩川基地へ進出する一陣を捉えたものと思われる。単機での作戦能力を重視する芙蓉部隊ではこうして多数の機体が翼を並べる光景は鹿屋、あるいは岩川への基地進出の時だけであった。

〔右ページ上〕左ページ写真の右に写っている機体を拡大したもの。ちょうど反射してしまってわかりづらいが、本機は20㎜斜め機銃を装備する一二戊型〔131-72〕である。

〔右ページ下〕藤枝基地から少し離れて分散秘匿された彗星の偵察席に乗り込み、ニッコリ笑うのは戦闘第804飛行隊の依田公一少尉。カポックを着用していないので、操縦席に乗組んだペア（計器盤の下方へ頭を突っ込んで作業中。背中だけが見えている）と艤装を調整中といったところ。後部回転風防の様子からわかるようにこの機体は通常の一二型の前方遮風板だけを夜戦タイプに改修したもので、20㎜斜め銃で敵重爆と戦うことが主任務ではない芙蓉部隊では幾つか見られた例だ。左下部分に見える胴体燃料搭載口蓋に記入された「A91G」は91オクタンの航空揮発油を搭載することを意味する。依田少尉は長野師範学校出身の第13期飛行専修予備学生で、少尉任官前の昭和19年5月15日付けで偵察の特修学生を鈴鹿空終え、S804に配属された生え抜きだった。

▶藤枝基地を発進する芙蓉部隊の彗星でスピードがついてすでに尾部が浮き上がった状態。両主翼の下には増槽を懸吊している。右奥では残留の隊員が立ち並んで見送っているのが見える。

▼同じく藤枝基地を発進する彗星。現在も航空自衛隊静浜基地として使用されている同基地は1年を通して気候温暖（もちろん冬は寒いが、積もるほど雪が降らない）、風向もほぼ安定しているかっこうの立地条件で、指揮官となった美濃部正少佐の創意工夫もあって、芙蓉部隊各隊の訓練も遅滞なく進めることができた。

▲左ページ下写真を拡大したもの。背の高い垂直尾翼や後部回転風防の様子からこの機体は一二型の後期生産機とわかり、前方遮風板も艦爆型の窓枠が多いタイプのままのように見える。

◀こちらも藤枝基地を離陸する彗星で、20㎜斜め銃をはずした一二戊型。南九州から沖縄の敵飛行場へ夜間攻撃をかけるのが主任務の芙蓉部隊では航続力を稼ぐため、とくに必要がなければこうして重量物の斜め銃を外して出撃した。ここで掲げた各機は全て増槽を懸吊しているが、鹿屋、あるいは岩川からの作戦では使用しなかった。

episode 14

海軍夜間戦闘機隊"芙蓉部隊"
知っておきたいこんなこと

特攻を拒否した反骨の指揮官、美濃部正少佐が率いる部隊としてマスコミに
取り上げられることもあり、もはや有名な存在となった"芙蓉部隊"。だが、
その部分にばかり目を奪われ、それ以外についてはあまり語られることはな
いようだ。ここでは戦史の表には出てこない4つの事柄について見てみよう。

部隊名は"芙蓉隊"？ 関東空部隊？ 芙蓉部隊？

　今でこそ"芙蓉部隊"の名は世間に知れ渡っているが、それ
をよく調べてみると非常に特異な存在であることがわかる。

　その指揮官である美濃部正少佐が、938空飛行隊長時代に
「夜間飛行がお手の物の水上機乗りを零戦に乗せ、夜間に敵
艦船や魚雷艇を銃爆撃したら戦果が上がるのでは？」と考案
した夜間戦闘法。許可を経てトラック島へ二座水偵操縦員を
派遣し、零戦の操縦訓練を始めたが、そのトラック島が昭和
19年2月17日に空襲を受け、零戦派遣隊も壊滅。

　内地へ飛んで機材の手配を頼むと「では、1個飛行隊を作
れ」と任されたのが301空麾下の戦闘第316飛行隊だったが、
301空司令の八木勝利中佐と運用方針が合わず、更迭される
かたちで302空附となる。302空司令の小園安名中佐は隊内
に零夜戦分隊の設置を約束してくれたが、本土防空戦が本格
化する前に外戦（聯合艦隊麾下で、戦地に出て戦う）の夜間戦
闘機隊の戦闘第901飛行隊長に補され、フィリピンを舞台に
見事、ソロモン以来練りに練ってきた夜間戦術を披露した。

　とくに、昭和19年になって急速に拡充された夜間戦闘機
隊のうち、S901のような外戦のものは局地防空だけでなく
索敵や夜間銃爆撃もその任務に含むよう考えられていたた
め、美濃部少佐に取ってはあつらえ向きだったといえる。

　しかし、早くからフィリピンに展開していたS901は9月
の敵機動部隊来襲や10月20日に発動された捷一号作戦で疲
弊し、11月下旬に戦闘第812飛行隊が進出してくると戦闘
第804飛行隊との2隊にあとを託して内地へ帰還、戦力再建
に入る。やがてフィリピン戦は絶望的となり、昭和20年1

月5日にはルソン島クラーク地区周辺に展開する海軍航空部
隊の搭乗員引上げが令せられ、S812は飛行隊長の徳倉正志
大尉（海兵68）が、S804も飛行隊長の川畑栄一大尉（海兵69）
が率いての脱出に成功、2月上旬に藤枝基地へやって来る。

　始めからこの3個飛行隊を統合運用しようという考えが
あったわけではなかったようで、S804は戦闘第851飛行隊
と入れ替わりに北千島に展開する北東海軍航空隊の所属と
なっている。ともあれ、とにかく各隊の戦力再建を第1とし、
その面倒を先任飛行隊長であった美濃部少佐に見させようと
いう意図だったようだ。

　こうした建制の違う3個の特設飛行隊の精神をひとつにま
とめるべく美濃部少佐が考えたのが、「芙蓉隊」という愛称で
ある。その由来は藤枝基地から仰ぎ見る芙蓉峰、つまり富士
山の別称からである。

　3月5日にS901とS812が、3月20日にはS804も第131
海軍航空隊に所属変更されると、この3個飛行隊は建制の上
でも「第131海軍航空隊藤枝派遣隊」と表記されるようにな
るが、実際には131空司令の指揮は受けずに美濃部少佐が
直率、藤枝基地を管理する乙航空隊である関東海軍航空隊司
令、市川重大佐の補佐を受けて錬成に励んだ。

　ところが、3月中旬に九州南部へ敵機動部隊艦上機群が来
襲、沖縄決戦間近しとなると彼ら3個飛行隊は「関東空部隊」
として部署される。乙航空隊が創設された時に「必要ある場
合には所属の甲航空隊の指揮ではなく、所在する基地を管理
する乙航空隊の指揮により戦う」と定められた例である。

　3月30日以降、藤枝から鹿屋へ前進して沖縄作戦に参加し
た3個夜戦飛行隊の呼称は対外敵的には「関東空部隊」、隊内

■3個夜戦飛行隊の所属航空隊変遷

	〜19.11.15	19.11.15〜	20.01.01〜	20.02.01〜	20.02.10〜	20.03.06〜	20.03.20〜	備考
S901	153空	752空	203空	752空		131空		19.11末、フィリピンより内地帰還、再編成に入る
S812	203空	153空			752空	131空		19.11下旬、フィリピン進出、20.01上旬、脱出開始
S804	141空	153空	北東空				131空	20.01上旬、フィリピン脱出開始

▲フィリピン戦前後から沖縄作戦までの3個夜戦飛行隊の所属航空隊の変遷。これを見る
と、はじめから3隊を統合運用するつもりではなかったことがうかがい知れる。

■芙蓉部隊誕生までの概念図

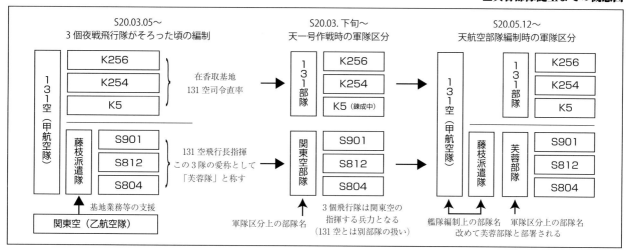

における愛称が「芙蓉隊」ということになる。

5月12日に5航艦を基幹とする「天航空部隊」が部署されると、「関東空部隊」は「芙蓉部隊」、あるいは「芙蓉空部隊」と改めて軍隊区分された。芙蓉部隊と呼ばれるのはこの時以降のことである。

関東空司令、市川重大佐のこと

沖縄航空戦の際に関東空司令としてその名が浮上する市川重大佐だが、海軍航空史ではあまり馴染みのない存在である。

昭和19年以降になると海軍航空部隊の数はうなぎ上りに増え、航空将校出身ではない中佐や大佐が航空隊司令になるケースが増えてくる。

市川大佐の場合も、もとは"鉄砲屋"などと呼ばれる砲術科の将校で、昭和2年11月29日に海軍砲術学校第26期高等科学生を卒業、金剛、榛名、長門など戦艦の分隊長を経験したのち、昭和8年からは春日砲術長や砲術学校教官、新鋭の重巡鳥海の砲術長、海軍兵学校教官兼監事などを歴任した人物であった。日華事変中の昭和14年11月から翌年の11月までの1年間は第15航空隊副長を勤め、軽巡鹿島副長、重巡那智副長を勤めたあと三重空副長兼教頭、佐世保第2海兵団副長兼教頭などの要職を勤め、昭和19年7月10日に関東海軍航空隊司令に補されている。

航空戦指揮官の経験こそなかったが、組織をマネジメントする経験は豊富といえ、性格は温厚、前例のない海軍夜間戦闘機隊を作り上げようとする美濃部少佐の良き理解者だったようだ。とくに、使用しない時には飛行機からガソリンを抜

◀昭和20年4月初めの「関東空部隊」の鹿屋進出第1陣で、真ん中の看板に「芙蓉隊」とあるのに注意。2列目中央に座る第3種軍装が関東空司令、市川大佐。もともとは鉄砲屋で重巡鳥海の砲術長や那智の副長の経験があったが、日華事変の際には第15航空隊の副長を勤め、その後も三重空副長や海兵団副長などを歴任していた。なお、市川司令の真ん前に座っているのは302空彗星夜戦分隊からS812へ転勤してきた坪井晴隆飛長。

■戦闘第804飛行隊長 石田貞彦大尉の出撃状況

出撃日	機番号	操縦員 氏名	階級	期別	偵察員 氏名	階級	期別	任務	記事
4/17	131-72	石田貞彦	大尉	海兵70	田崎貞平	1飛曹	甲飛11	敵機動部隊索敵攻撃	0335発進、脚故障の為引返す、0348着
4/21	131-53	石田貞彦	大尉	海兵70	田崎貞平	1飛曹	甲飛11	敵機動部隊黎明索敵攻撃	0341発、0620着、敵を見ず
4/22	131-07	石田貞彦	大尉	海兵70	田崎貞平	1飛曹	甲飛11	敵機動部隊索敵攻撃	0325発、0500先端到達、0620基点上空空襲警報発令のため佐伯飛行場に避退、1300降着、敵を見ず
4/27	131-07	石田貞彦	大尉	海兵70	田崎貞平	1飛曹	甲飛11	沖縄北飛行場攻撃	1934発、2125北飛行場滑走路交叉点附近に25番3号爆弾1発命中、炎上2ヶ所、爆発1ヶ所、金武湾にて艦船銃撃効果不明、2335着、被害なし
6/8	131-105	石田貞彦	大尉	海兵70	田崎貞平	上飛曹	甲飛11	伊江島飛行場攻撃	0202発、0400伊江島飛行場攻撃炎上3ヶ所、0551着、被害なし
7/28	131-105	石田貞彦	大尉	海兵70	田崎貞平	上飛曹	甲飛11	沖縄北飛行場攻撃	2358発、0205北飛行場滑走路に25番31号弾投下、0420着

▲昭和20年ともなると飛行隊長の出撃という光景はなかなか見られなくなるのだが、S804隊長の石田大尉は率先垂範を体現した。上の表は記録に残っている作戦飛行を整理したもの。なお、田崎兵曹は5月1日に上飛曹に進級した。

き、飛行場から遠くに分散秘匿したいという、トラック空襲やフィリピン戦での経験からくる美濃部少佐の依頼にも快く応じてくれたという。

また、131空藤枝派遣隊の3個夜戦飛行隊が「関東空部隊」と部署された際にも実際の航空戦指揮は美濃部少佐に任せて出しゃばらず、責任のみ自ら負う姿勢であった。

昭和20年5月5日の改編で藤枝基地の管理は新編の東海海軍航空隊に移管されることとなったが、市川司令も6月20日付けで霞ヶ浦海軍航空隊副長兼教頭に補され、8月8日には百里原海軍航空隊司令となって終戦を迎えている。

指揮官先頭を体現した石田貞彦大尉

沖縄作戦が始まった昭和20年4月12日に川畑栄一大尉（海兵69）が戦死したあとを受けて戦闘804分隊長から飛行隊長となった石田貞彦大尉は海兵70期出身。その出撃回数は芙蓉部隊の3個飛行隊の隊長の中で、群を抜いて多かった。

開戦を見据えて昭和16年11月15日に海軍兵学校を卒業した彼ら70期生は遠洋航海も練習艦隊乗組もなく艦隊へ配属された異例のクラスであった。石田大尉の場合は少尉候補生として重巡摩耶へ測的士として乗組み、昭和17年6月から第38期飛行学生となって飛行科士官への途を進んだ。昭和18年9月に宇佐空で艦攻操縦の実用機教程を終えると霞ヶ

▲昭和20年4月中旬、鹿屋へ進出する隊員を交えてのS804の記念写真。2列目椅子に座っている左から分隊長の大野隆正大尉（予10）、飛行隊長の石田貞彦大尉（海兵70・ヒゲの人物）、分隊長の高木昇大尉（予9・腕を組んでいる）。立っている左端、黒マフラーが石田隊長とペアを組んだ田崎貞平1飛曹（甲11）。ふたりの出撃回数は芙蓉部隊の中でも群を抜いていた。S804はもともと62航戦322空麾下の特設飛行隊として編制されたもので、部隊の通称「電（いなずま）」をあしらった「電 八幡大菩薩」の幟を使っていた。

■参考：彗星燃費状況表

関東空部隊／芙蓉部隊は昭和20年4月6日の沖縄周辺艦船攻撃を実施した際に彗星夜戦と零戦の燃料消費率を合わせて調査した。沖縄決戦において、その性能を最大限に引き出すためである。右は「関東空部隊天作戦戦闘詳報（第四號）」に添付された燃費表で、各燃料槽の使用時間毎にまとめられている。

機番号	各 燃 料 槽 使 用 時 間					飛 行 時 数			残量／総量	燃費
	補左	補右	主左	主右	胴	総飛行時間	敵上空	空戦時間		
131-34	0-35	0-40	1-00	1-15	0-15	3-42	0-35	06	225/1000	209
131-10	0-40	0-40	1-20	0-50	0-25	3-55	0-25	08	200/1000	205
131-11	0-38	0-55	1-25	1-07	0-37	4-22	0-25	10	195/1000	187
131-02	0-35	0-35	2-15		0-35	4-00	0-25	05	160/1000	210
131-82	0-40	0-40	1-00	1-10	0-17	4-12	0-25	0	235/1000	182
平均	0-38	0-42	2-16		0-26	4-02	0-27	06	(原資料空白)/1000	199

※彗星燃料全量1050ℓなるも1000ℓとして計算せり。計器速力170ノット、平均飛行高度3000m

浦空附兼教官となるが、昭和19年8月に横須賀空附に転じ、10月にS901分隊長となってフィリピンへ進出、11月にS804分隊長となる。S804は62航戦322空麾下に編成された特設飛行隊で、その別称を「電（いなずま）」部隊といった。

この頃から石田大尉とペアを組んだのが甲飛11期の偵察員、田崎貞平1飛曹。ニコルスからセブへ進出してのレイテ島周辺魚雷艇攻撃にも参加したが、戦線の瓦解によりS804は2月になって内地へ帰還。

慌ただしく部隊の再編成をしたS804はS901、S812とともに3月31日以降鹿屋へ進出。3月31日に鹿屋へ進出した石田大尉―田崎1飛曹ペアはいったん藤枝へ戻り、第2陣として4月15日に再進出、17日の索敵では脚故障で発進後すぐに引返し、21日の索敵攻撃では敵を見ず、27日の沖縄北飛行場攻撃で沖縄作戦への本格的な参加を果たす。

フィリピンの時には経験しなかった対空砲火は猛烈で、爆撃終了後に金武湾の敵艦船を銃撃してから帰投針路についた石田大尉から、帰着後「田崎1飛曹、弾投は初めてか？　怖かったなぁ！」と言われた時にはつくづく「胆の座った人だなぁ」と思ったという。

「常に多くを語らないが、闘魂を内に秘めた芯の強い信頼できる人柄」というのが海兵同期生による石田評だ（艦攻操縦にはこういう人柄が多い）。

石田大尉の戦いぶりは指揮先頭をモットーとするS804独特のスタイルとも言え、自身も必ず1番機で突っ込むのが当たり前だと思っていた一方で、「敵の意表をつける1番機が、一番安全だからだ」などという心ない批判もあったようだ。

戦後、S812隊員の坪井晴隆氏が「隊長、ずいぶん出撃回数多かったですねぇ」と話しかけた際には「おー、そうか、気が付いてくれていたか！」と、偉ぶらず、ただただニコニコしていたのが印象的であったという。

美濃部少佐の液冷型彗星への誤解

フィリピンから帰還したS901の再建は、乗り馴れた月光ではなく、彗星夜戦を新たな装備機とするものだった。美濃部式夜戦の根幹をなす零戦20機はすぐに手に入ったが、すでに月光の生産は終了、数のめどが立たなかったからだ。

このあたりについて美濃部正氏は「艦隊から嫌われ、野ざらしで顧みられない彗星1-Pを夜襲に使う決心をした」「艦隊からは殺人機と嫌われた難物」と回想するが、これはやや主観的、ネガティブな彗星観と言えよう（1-Pはアツタ三二型の別称。つまり彗星一二型のこと）。

本書第1巻でも述べた通り、航空本部・空技廠で昭和18年末から彗星の空冷型の開発が始まった経緯はその生産拡充のためで、昭和19年6月になると、全般的に数の少ない艦爆・艦偵・夜戦は高性能の液冷型、数が必要な基地航空隊用の艦爆（これをして陸爆という）は性能の劣る空冷型で我慢すると、二本立てで考えられるようになった。夜戦隊の使用機イコール液冷型彗星という図式は至極真っ当な采配であり、302空や352空、210空の夜戦隊でも使用されている。

ただ、前記したような液冷型、空冷型の棲み分けがなされた時には夜戦隊の主任務を軍港や艦隊泊地、あるいは本土などでの局地防空と認識しており、フィリピンで美濃部少佐が行なったような薄暮・夜間・黎明の洋上索敵攻撃や敵勢力圏への銃爆撃という、いわば攻撃飛行隊が担当するような作戦への充当は意識になかったといえる。

芙蓉部隊が防空を主任務とする"受け身の夜戦隊"ではなく、敵の機先を制する"攻めの夜戦隊"であったからこそ、この時期の液冷彗星の装備に違和感が生じるのである。

そして芙蓉部隊の彗星はじつに良く稼働した。

それは横須賀空、523空以来、彗星に携わってきたS901整備分隊長の佐藤吉雄大尉（予整5）を中心に各飛行隊の整備分隊長以下、整備員ひとりひとりの尽力の賜物であった。

美濃部氏は晩年「こうした整備員、地上員の働きをもっと評価して欲しい」とも回想しているが、彗星を難物機と思うからこそ、その想いは強いものだったと推察する。

◀機首の塗り分けが直線になった彗星の例。この機体は排気管下部の着脱パネルを交換したまま。

▼こちらも機首の塗り分けが直線になった例だが着脱パネルを交換して濃緑色を塗ったもの。

機首の塗り分けが直線なわけ

液冷式彗星といえば波形になった迷彩の塗り分けラインがその特徴の一つ。
ところが、なかにはスパっと直線的になった機体も目にすることがある。
その理由は何だろうか？

　海軍機としては久しぶりの液冷エンジン搭載機となった十三試艦上爆撃機が二式艦上偵察機として実用化され、昭和18年初頭に多量生産された機体がロールアウトし始めた際には他の実戦機と同様に上面濃緑色迷彩が施されていた。

　その形態は同じ愛知航空機で生産されていた九九式艦上爆撃機と同く、塗り分けラインが波形になったパターンで、とくに液冷機特有の長い機首にそれが映えた。

　ところが、液冷式彗星の写真を見ていくと、なかに機首の塗り分けが直線的になった例があることに気が付く。

　こうした塗装の違いがある場合、例えば零戦では三菱製か中島製という製造メーカーの違いであったり、紫電のように同じ川西航空機の中での鳴尾製作所製、姫路製作所製といった工場の違いを表したりするのだが、彗星の場合はちょっと事情が違うようだ。

　海軍航空技術廠が開発した彗星は愛知航空機と第11海軍航空廠が生産を担当。しかし、本機の機首の塗り分けラインが直線的になっているのは両者の違いではなく、液冷機独特のエンジン覆いの形状にその理由があった。

　彗星のエンジン覆いは上部のほか、排気管の下部が細長いパネルとなってマイナス螺子のファスナーで止められており、整備の際にはこれを外して作業を行なった。

　このパネルは頻繁に着脱されるため、そうしたなかで破損や「ヤレ」などで新しいものと交換する必要が発生した。交換したパネルは上写真のように無塗装（補用品の状態で下面色が塗られいたかも？）のまま、あるいは全体を濃緑色で塗るなどして使われたため、塗り分けが直線になる現象が起きたのである（もちろん、丁寧に波形の塗り分けをした機体もあっただろう。その場合はとくにわらない）。

　一方、空冷の三三型でもエンジンカウリングから主翼にかけての塗り分けが波形のものと直線的なものがあった。三三型は愛知航空機のみでの生産だが、機体組み立ての担当は永徳工場だけ。また、四三型では波形になった機体があり、三三型の後期生産機で工程簡略化のために直線にされたとも考えられない。

　これは、塗装担当ラインの違いか、一二型との並行生産がなされた時期に由来するのではないかと思われる。

第8章
空冷彗星艦爆隊

昭和19年初頭、日本海軍は陸上爆撃兵力の拡充を図るべく彗星の空冷化を推進した。信頼ある金星六一型、同六二型エンジンに換装した機体は従来の一一型を大きく凌ぐ性能を発揮し、海軍艦爆隊の主力機材となって本土防衛最前線で戦う。

彗星の空冷化は昭和19年初頭から始まったが、機体生産の拡充と絶妙にマッチして大戦後半の海軍攻撃兵力の主力となった。写真は彗星三三型のたくましい姿。

第701海軍航空隊
攻撃第105飛行隊

昭和20年3月頃の国分基地のエプロン脇で撮影された彗星三三型〔701-24〕で、尾脚が折れ曲がり、主脚のロック機構も破損した廃機と思われる。胴体の日の丸には白フチもそれを濃緑色で塗りつぶした痕も見られないため、工程簡略化のために白フチを廃止した後期生産機と判断でき、主翼上下の日の丸も同様であろう。機首部分の上面濃緑色迷彩の塗り分けが食い違っているのに注意。701空攻撃第105飛行隊はフィリピン戦たけなわの昭和19年11月に戦力再建のため内地へ帰還、131空の指揮下に入り、千葉県香取基地で人員機材の補充を行なった。昭和20年2月16日には房総半島沖に接近した米空母機動部隊に対す索敵攻撃を実施、その後すぐに701空へ編成代えとなり、国分基地へ進出したばかりであった。

▲前ページに掲載した三三型〔701-24〕を正面から見る。カウリング部分の上面濃緑色は左右で高さが違っており、主翼下には小型爆弾架を装着している様子が分かる。左の主脚（画面向かって右側のもの）は完全に地面に接地していないため、不時着などで開閉機構が途中で「噛んで」しまっているようだ。左奥に見える桜島の見え方から、当地が国分基地であると断定できる。

▼同じ〔701-24〕の左舷側も撮影されていた。日本陸海軍機の場合、こうして左右両側がわかるケースは非常に稀だ。機番号の記入法は左右で文字の形や間隔が微妙に違っているのも両側を見比べることができるからこそわかること。画面左奥に見える建物は格納庫だが、いかにも戦時急増基地の建物然としている。

▲こちらは別の三三型で、カウリングに書かれた機番号03から〔701-03〕と推定するもの。左ページの機体に比べ、主脚が根元で折れて外側に曲がってしまっており、右主翼(向って左側)も破損している。現存する戦時日誌に〔701-03〕には梅田章大尉ー海老原代吉上飛曹が搭乗して香取から国分へ向った旨が記載されているが、それが本機だったのかもしれない。

▼こちらはプロペラの状態から上写真とはまた別と思われる機体を入念に擬装することで完品に見せ、囮機としたもの。日本の対空砲火はなかなか当たらなかったと思われているが、こうした囮機の延長線上に機銃陣地を設け、地上銃撃に来る敵戦闘機を「線」で狙うことで、意外にも撃墜戦果を報じている。

episode 15

戦い続けた最初の彗星艦爆隊 攻撃第105飛行隊の航跡

艦上爆撃機「彗星」を装備する最初の基地航空隊として編成された第501海軍
航空隊はソロモン諸島を巡る闘いで戦力を消耗、昭和19年3月4日付けで
特設飛行隊の攻撃第105飛行隊となり、再出発を図る。

苦悩する戦力再建

　第501海軍航空隊、略称501空は昭和18年7月1日付けで編成された初の彗星装備航空隊であり、同年10月にラバウルへ進出したが、昭和19年1～2月には可動機数は1～3機となっていた。2月1日付けで501空に編入された旧582空零戦爆隊（旧艦爆隊。再編中）の錬成地であるトラックが2月17日の空襲で壊滅的打撃を受けると、501空艦爆隊は同所へ引き上げる（ここまでは本書第1巻参照）。

　2月28日までにトラックへ転進した501空艦爆隊は3月4日付けで特設飛行隊の攻撃第105飛行隊、略称K105へ再編された（戦爆隊は戦闘第351飛行隊、略称S351となる）。特設飛行隊は、それまで航空隊に固定されていた飛行機隊を独立した組織にし、消耗した際には航空隊の地上部隊はそのまま、飛行隊だけを入れ替えて戦おうという運用法である。

　空襲後のトラックへ、552空の九九艦爆6機がテニアンから進出、新機材7機と合わせ13機となり、3月1日から3日にかけてパラオのペリリュー島へ移動していたが、同じ3月4日付けで552空は解隊、残存兵力は501空へ編入される。

　この時、501空隊長の井上文刀少佐がS351隊長、552空分隊長の山口友次郎中尉（海兵69）と紺屋喜代信中尉（海兵70）がK105分隊長、501空附の今吉正吉中尉（海兵70）がS351附、501空分隊長の藤井浩中尉と山田嘉夫中尉（ともに海兵69）がS351分隊長、そして552空飛行長であった西原晃少佐（海兵58）がK105隊長と発令されているが、これは取り違えがあったようで、3月8日付けで西原少佐を501空飛行長、井上少佐をK105隊長、山口中尉をS351分隊長、藤井中尉をK105分隊長、紺屋中尉と今吉中尉をK105附にと発令し直している（S351隊長には横山岳夫大尉が発令）。

　501空は同じく3月4日付けで中部太平洋方面艦隊第14航空艦隊（ともに同日新編。中部太平洋方面艦隊は14航艦と第4艦隊で編制）第26航空戦隊麾下部隊として編制された。

　3月10日、501空司令の坂田義人大佐がペリリューに転進すると、26日以降、ミンダナオ島ダバオへ錬成員を派遣するなどしてK105は錬成に専念することになった。

　3月28日にメレヨン南方に敵機動部隊が出現すると、29

■中部太平洋方面艦隊編制　昭和19年3月4日現在

中部太平洋方面艦隊		司令長官　南雲忠一中将		麾下の特設飛行隊
第4艦隊		（特設艦船兵力のみ・略）		
			902空	
第14航空艦隊	第26航空戦隊		201空	S305・S306
			501空	S351・K105
			751空	K704
	第22航空戦隊		202空	S301・S603
			301空	S316・S601
			503空	K107
			551空	K251
			755空	K701・K706
	附属		秋津洲	（水上機母艦）
			802空	

日0520にはK105も九九艦爆3機で索敵を実施、751空の陸攻が発見した敵機動部隊に対し、1700には九九艦爆5機を発進させて夜間攻撃を試みたが、270浬を進出して敵を見ず、2機が帰投した一方、天候不良で3機が未帰還となった。

　このため、ダバオで錬成中であった九九艦爆8機のペリリュー復帰が命ぜられたが、30日は0600から1730にかけて敵機動部隊の大規模な空襲を受けるに至り、K105は九九艦爆9機を地上で失った。翌31日にも0620～1440にかけて敵機動部隊艦上機の空襲があり、この合間にK105の彗星4機がダバオからペリリューへ進出してきたが、降着時に1機が中破、1機が大破して焼失する。

　この空襲ののちK105はダバオへ移動。4月18日付けで501空生え抜きの藤井分隊長は宇佐空分隊長兼教官として転出、入れ替わって宇佐空分隊長兼教官の矢板康二大尉（海兵69期）がK105分隊長に発令された。

　5月5日の戦時編制改定で26航戦、22航戦は14航艦から第1航空艦隊の指揮下へ代わり、翌6日にはK105隊長の井上少佐が横須賀鎮守府附となって転出、分隊長の矢板大尉が新飛行隊長に発令、紺屋大尉、今吉大尉（5月1日進級）が分隊長となったが、一方で再建は進まず、ダバオ第2基地にあった5月15日現在、彗星2機保有、1機可動、搭乗員は技倆A

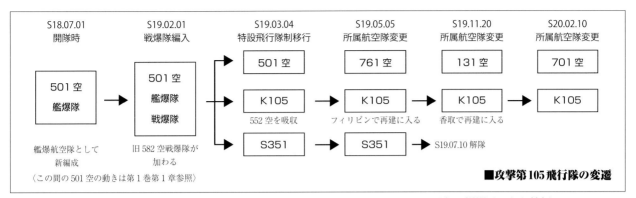

■攻撃第105飛行隊の変遷

が1組、Bが1組、Cが2組、Dが14組、6月1日の調査でも彗星3機、九九艦爆1機という状況だった。これは1航艦譜代の61航戦や62航戦の充足を優先したためである。

それでも6月、ダバオに移動して対潜作戦に従事していた頃の501空の行動調書からはラバウル以来の隊員である徳山高基上飛曹（甲飛7期）、岩井宗三1飛曹（丙飛7期）、行川学2飛曹、須内則夫2飛曹（ともに丙飛10期）や、552空から編入された吉川克己飛曹長（乙飛1期）、大西春雄飛曹長（甲飛3期）らベテラン搭乗員たちの名を見ることができる。

マリアナ決戦後の7月10日付けで501空が解隊されると、K105は第761海軍航空隊所属となる。この改定で、特設飛行隊を指揮して戦う「甲航空隊」は航空艦隊司令部の直率となり、航空戦隊は航空基地を運営する「乙航空隊」を管理する組織となる。甲航空隊は任務に応じて航空基地を渡り歩き、乙航空隊の世話を受けるわけだ。761空は1航艦直率である。

K105の編成基地は当初デゴスとされていたが、7月16日にダバオ第1基地に、7月19日にはサランガニへと変更され、空母大鷹や海鷹により輸送されて7月25日にマニラで陸揚げされた彗星12機のうち8機を受領（残り4機は153空へ）

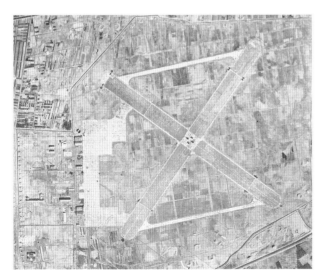

▲大型機の離発着も可能な1400mを超える2本の滑走路が交差する香取基地。K105はここで再建を図ることとなる。（写真／国土地理院）

したものの、8月1日現在で操縦員のうち技倆Aは0、Bは1、Cは14、Dは20、Eが20の計48名、偵察員はAが7、Bが0、Cが7、Dが15、Eが15の計44名となっていた。Eは8月中旬までの作戦参加見込みなしという評価である。

8月末に敵大型機による空襲が始まり、9月には敵機動部隊の来襲があるなどフィリピンを取り巻く戦況が日に日に厳しくなる一方、K105の再建は進まず、10月1日現在セブに彗星5機を保有して実働4機、搭乗員8組のうち7組実働（他に九九艦爆3機保有、実働なし）、ザンボアンガに彗星8機保有、実働4機、搭乗員6組全て実働という状況。この間、ラバウルから最後に引き上げてきたベテラン浜田農少尉は6月にK105に転勤してきた同期生の新谷国男少尉とともに201空に新設された彗星隊へ転勤（のちに零戦戦爆隊）。紺屋大尉は9月4日付けで宇佐空附兼教官として転出した。

10月18日には今吉分隊長が台湾沖の敵機動部隊攻撃で未帰還となったが、20日に発動された捷一号作戦でK105がどのように戦ったかについてはつまびらかではない。

11月中旬にようやく内地に帰還しての再編成にとりかかることとなり、矢板隊長以下、准士官以上7名、下士官7名が台湾の新竹経由で香取基地にたどり着いたのは11月18日。20日付けでK105は第131海軍航空隊の所属となった。

香取基地における「捷3号作戦」

戦闘第162分隊長の梅田章大尉が攻撃第105分隊長に発令されたのは11月15日。この日付は第1機動艦隊、第3艦隊がともに解隊された節目で、これにより第1航空戦隊の空母飛行機隊が源流の第601海軍航空隊も特設飛行隊を指揮下から放し、固有の艦戦、艦爆、艦攻の各隊のみに縮小された。梅田大尉のいたS162は601空麾下の戦爆隊であった。

同日付けでやはり601空の攻撃第161飛行隊分隊長からK105分隊長に発令された伊藤直忠大尉が香取基地へ着任してきたのは28日と記録されている。伊藤大尉はマリアナ沖海戦、レイテ沖海戦へ空母飛行機隊の一員として参加した手だれであり、梅田大尉とは海兵70期同期生の間柄。

体調を崩した矢板大尉に代わり、北詰實大尉が新飛行隊長に発令されたK105の再建は急速ピッチで進められ、12月1日の時点では借用の九九艦爆で細々と定着を行なうだけで

■攻撃第105飛行隊　昭和20年2月16日敵機動部隊索敵攻撃の陣容

小隊	機番号	操縦員 氏名	階級	期別	偵察員 氏名	階級	期別	発進時刻	帰着時刻	状況（戦果及び被害）
第一次索敵攻撃隊 1L	701-69	赤井嘉八	上飛曹	丙7/8	伊藤直忠	大尉	海兵70	1105	—	未帰還／攻撃自爆せるものと認めらる
	701-61	石川定夫	上飛曹	甲10	青木　清	1飛曹	甲11	—	—	出発取止め発進せず
2L	701-83	山路　博	中尉	予学13	吉原隼夫	上飛曹	乙16	1200	1530	1308戦端到達／1418復航犬吠埼の143度110浬約17隻よりなる敵部隊発見（以下略）
	701-37	今野正勝	2飛曹	丙16	大木正夫	1飛曹	乙17	1045	1148	1115犬吠埼の140度90浬に敵C×2発見直ちに接敵、敵fcの追攪を受け避退（中略）攻撃取止む
3L	701-11	岩井宗三	上飛曹	丙7	辻尾　武	中尉	予学13	1150	1450	1158敵fc発見避退／1313先端到達／1422敵fc約40機北上中を発見右に避退
	701-36	石川宏一	上飛曹	乙16	牧野早雄	1飛曹	乙17	1050	—	未帰還／所定目標に対し自爆せるものと認めらる
4L	701-09	田中　孝	大尉	海兵71	進藤正治	上飛曹	甲9	1030	—	未帰還／所定目標に対し自爆せるものと認めらる
	701-01	林　治式	1飛曹	丙14	白井富春	1飛曹	乙17	1030	—	未帰還／所定目標に対し自爆せるものと認めらる
第二次索敵攻撃隊 1L	701-28	殿村一雄	上飛曹	甲10	加藤良治	1飛曹	甲11	1345	—	未帰還
	701-35	工藤虎夫	飛長	特乙1	中村　強	2飛曹	乙18	1345	—	未帰還
	701-15	宮本才治郎	飛長	丙17	植田利夫	1飛曹	乙17	1345	1710	1500先端到達／敵を見ず

※機体は全て彗星三三型。各機は九九式二十五番通常爆弾一型懸吊。後部旋回機銃は7.92mmを搭載。
※赤井上飛曹、石川定夫上飛曹、岩井上飛曹、吉原上飛曹らはダバオ以来のK105隊員。

あった飛行訓練も、挙母の愛知航空機から続々と彗星を空輸して昭和20年1月1日時点では彗星一二型5機保有、可動2機、同三三型31機保有、可動13機にまで充実。訓練内容も降爆擬襲、特殊飛行、編隊訓練へと移行し、12月13日に殉職した仲田2飛曹、1月13日に殉職した神田義春上飛曹―鈴木朋昭1飛曹の尊い犠牲を乗り越え、1月30日には彗星18機で大分基地に移動して動的訓練を実施するまでになる。

1月31日現在のK105の兵力は彗星一二型4機保有、2機実働、同三三型14機保有、5機実働、九九艦爆4機2機実働の他、大分派遣の彗星三三型18機であった。

再建なったK105はK251とともに2月10日付けで所属を第701海軍航空隊と変更され、国分基地へ進出することとなった。だが、移動準備が整わなかったところへ2月16日の米機動部隊関東空襲に直面する。

2月14日以降の硫黄島を取り巻く状況から敵機動部隊の本土来襲を予測した聯合艦隊、並びに第3航空艦隊はその邀撃を麾下各部隊へ指示。131空に対してはまだ香取に留まっていたK105とK251を指揮しての索敵攻撃が令せられた。

2月16日、同じく香取基地に展開していた601空の天山4機が0600に、同じく彗星6機が0940に索敵に発進、犬吠埼から180°線を飛んだ彗星が1125に167°、120浬に敵機動部隊を発見との情報を発するのと前後して、K105は伊藤分隊長を指揮官とする8機の第一次索敵攻撃隊（うち1機発進取やめ）を、千葉県銚子の犬吠埼を起点とする100°から160°方向、250浬の索敵に放った。

1045に発進した今野正勝2飛曹―大木正夫1飛曹ペアの彗星〔701-37〕は140°線の担当、1115に犬吠埼の140°、90浬で敵巡洋艦2隻を発見、これに接敵を試みたところ敵戦闘機の追襲を受けたため避退、再び接敵を試みたがやはり妨害を受けたため攻撃を断念して1148に帰投した。

1150に発進した岩井宗三上飛曹―辻尾武中尉ペアの彗星〔701-11〕は110°線を担当。1158に敵戦闘機と遭遇したためいったん避退、1313に先端到達して天候を報じ、1323に復航へ移ると1422に40機の敵戦闘機が北上するを発見、右に避退して敵と反航、1450に帰投してきた。艦艇は見ず。

1200に発進した山路博中尉―吉原隼夫上飛曹ペアの彗星〔701-83〕は敵を見ず1308に先端到達、復航の1418に犬

■攻撃第105飛行隊　昭和20年2月16日敵機動部隊索敵攻撃図

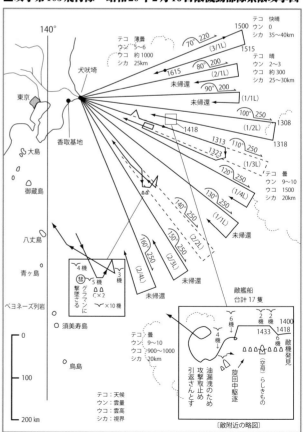

▶131空戦闘詳報より復元した攻撃図。上側の3線は第二次索敵攻撃隊を表す

■攻撃第105飛行隊　国分基地移動編制

基地移動日	指揮官	小隊	機番号	操縦員			偵察員			
				氏名	階級	期別	氏名	階級	期別	
2月18日	梅田 章 大尉	1L	701-03	梅田 章	大尉	海兵70	海老原代吉	上飛曹	乙13	
			701-61	福下良知	1飛曹	丙11	谷本七郎	1飛曹	乙17	
	菊池 久 中尉	2L	701-32	岡澤清忠	上飛曹	甲7	菊池 久	中尉	予学13	
			701-37	小崎 朗	上飛曹	甲9	平井一夫	1飛曹	乙17	
	辻尾 武 中尉	3L	701-14	岩水宗三	上飛曹	丙7	辻尾 武	中尉	予学13	
			701-38	金子鋼次郎	飛長	特乙1	小野塚一江	2飛曹	甲12	整備員同乗／明治基地不時着操縦員殉職
	中村恒夫 大尉	1L	701-10	関矢忠雄	上飛曹	乙11	中村恒夫	大尉	海兵71	
			701-04	山口春一	1飛曹	丙11	木村福松	1飛曹	甲11	
	熊澤 孝 飛曹長	2L	701-11	熊澤 孝	飛曹長	甲2	杉原義章	上飛曹	甲9	
			701-40	行川 学	1飛曹	丙10	中島 巧	上飛曹	甲10	引き返す
	平田博一 中尉	3L	701-05	平田博一	中尉	予学13	野宮仁平	少尉	予学13	
			701-39	石川定夫	上飛曹	甲10	青木 清	1飛曹	甲11	
2月19日	大谷吉雄 上飛曹	1L	701-40	美野博生	上飛曹	乙16	大谷吉雄	上飛曹	甲9	1345引き返す
			701-06	藤園 勝	飛長	特乙1	助田義一	2飛曹	丙16	1730引き返す
		2L	701-05	行川 学	1飛曹	丙10	中島 巧	上飛曹	甲10	1730引き返す
			701-32？	兼森 寛	飛長	特乙2	中川光男	2飛曹	乙18	1730引き返す
		3L	701-24	宮本才治郎	飛長	丙17	植田利夫	1飛曹	乙17	1730引き返す
			701-30	木場 愛	2飛曹	丙17	後藤 優	1飛曹	乙17	1730引き返す
2月20日	北詰 實 大尉	1	701-32？	北詰 實	大尉	海兵69	根岸正明	飛曹長	偵練46	
		2	701-40	美野博生	上飛曹	乙16	大谷吉雄	上飛曹	甲9	
		3	701-77	行川 学	1飛曹	丙10	中島 巧	上飛曹	甲10	
		4	701-83	兼森 寛	飛長	特乙2	中川光男	2飛曹	乙18	
		5	701-25	藤園 勝	飛長	特乙1	助田義一	2飛曹	丙16	1350引き返す
		－	陸行	松永 茂	飛長					
		－	陸行	中西康夫	飛長	特乙2				
2月21日	斉藤幸夫 少尉	1	701-12	宮原輝市	1飛曹	丙特11	井上重盛	1飛曹	乙17	
		2	701-25	藤園 勝	飛長	特乙1	助田義一	2飛曹	丙16	
		3	701-22	夏目 康	少尉	予学13	斉藤幸夫	少尉	予学13	
		4	701-51	木場 愛	2飛曹	丙17	後藤 優	1飛曹	乙17	
				珠久善雄	1飛曹	丙10	松田 晋	上飛曹	甲10	空輸途中より参加
23日	山路 博 中尉	－	陸行	山路 博	中尉	予学13	吉原隼夫	上飛曹	乙16	
		－	陸行	山元當四郎	飛長	特乙1	大矢 武	上飛曹	甲12	
24日	谷内能孝 中尉	1	701-59	谷内能孝	中尉	海兵72	後藤三雄	上飛曹	乙15	
		2	701-19	宮本才治郎	飛長	丙17	植田利夫	1飛曹	乙17	
28日	栗澤栄吉1飛曹	1	701-96	生稲康夫	飛長	特乙1	栗澤栄吉	1飛曹	乙17	

吠埼の143°、110浬の地点で約17隻からなる敵艦隊を発見、1420には大型艦1隻が黒煙を噴き出しているのを確認したが、1425に敵戦闘機の追襲を受け、さらに滑油の漏洩により視界が不良となったため攻撃をやめ、1530に帰着。

1345には第二次索敵攻撃隊の3機が香取基地を発進。今度は第一次攻撃隊が飛ばなかった犬吠埼を基点とする70°〜90°にかけての3線であったが、一番北側の70°線を飛んだ宮本才治郎飛長―植田利夫1飛曹ペアの彗星〔701-15〕は1500に先端到達、敵を見ずに1710に帰投してきた。

ところが、これ以外の彗星は伊藤分隊長機を含めて第一次、第二次とも全機未帰還となる。敵位置に近い索敵線に未帰還機が集中するのが常だが、索敵方向がバラバラなのにも関わらず6機もの未帰還機を出したのは敵機動部隊が3群に分かれ、かつ、東日本空襲や艦隊防禦に当たった敵戦闘機の数が膨大だったためと思われる。

文字通り、死力を尽くした索敵だったが、香取基地は0700から断続的に敵艦上機の空襲を受け、満足な攻撃隊を発進させることができずにこの日の作戦を終えた。

決戦の地、国分へ

2月18日に梅田分隊長の率いる彗星12機が701空の展開基地である国分へ飛んだのを皮切りに、K105は移動を開始した。その移動の様子や隊員の陣容は別表の通り。

その1ヶ月後に行なわれた九州沖航空戦で、その多くが敵機動部隊攻撃に向かい、散っていく。

第601海軍航空隊
攻撃第1飛行隊

昭和20年初夏の関東平野上空を飛行する第601海軍航空隊攻撃第1飛行隊の彗星四三型〔601-35〕。爆弾倉扉を廃止し、偵察窓部分まで切り欠いて八〇番爆弾の搭載を実現しており、ちょうど後部回転風防下面の胴体には四式噴進機を搭載するためのくぼみが大きく口を開けている。本機は海兵71期の渡辺清規大尉が分隊長を勤める第3分隊の所属機で、搭乗するのは板橋泰夫上飛曹－北村久吉中尉。わかりづらいが機首部にはツバメをかたどったパーソナルマークが描かれている。甲飛8期の板橋上飛曹はかつて第503海軍航空隊（のちK107）に所属して西部ニューギニアの戦いに参戦、6月8日に未帰還となったが、実は地上戦の始まっているビアク島へ不時着しており、味方地上部隊と合流、からくも舟艇で脱出して内地へ帰還して戦列に復帰したのだった。601空K1は第1航空戦隊の空母飛行機隊に源流を持つ艦隊航空隊の後身で、昭和20年2月20日付けで601空艦爆隊を基幹に千葉県香取基地で編成され、神風特攻第二御楯隊を送り出したあとの3月上旬に茨城県百里原基地へ移動した。

こちらの彗星四三型〔601-36〕も前掲写真と連続して撮影された1葉。偵察席後方の様子から、本機は回転風防部分が金属張りになった通常生産型であることがわかる。翼下に横たわるのは百里原周辺の茨城の大地だ。

胴体下面が大きく凹んだ独特のシルエットを見せ、2番機の位置で飛行するK1の彗星四三型。やはり後部回転風防部分が金属張りとなった正統な生産タイプで、操縦席後方にも装甲板が装着されているように見え、前部遮風板のなかには九八式射爆照準器も見えている。四三型の開発時には操縦員のみが搭乗する単座機と位置づけられていたが、三三型からの通常移行や作戦能力(とくに洋上航法力)の確保のため、K1をはじめとする多くの部隊では偵察員が搭乗しての運用かなされており、写真の機体の後席にもその姿が見える。爆弾倉から大きく開放された胴体下面の影響で直進安定性は大きく低下していたが、もはや生産が三三型へ逆戻りすることはなかった。

◀▼連続して撮影された
K1彗星の飛行写真のうち
の1枚で、下はその拡大。
被写体の彗星四三型は
P82〜83掲載の〔601-
36〕。眼下には霞ヶ浦が
鏡のように横たわってい
る。渡辺清規大尉のK1
第3分隊は沖縄作戦の際
に国分へ進出した隊員た
ちが主体で、終戦直前の
8月9日には金華山沖に
出現した敵機動部隊に果
敢に攻撃を敢行する。

▲二式一号射爆照準器を外した訓練用の三三型に乗り込んだ搭乗員をパチリ。操縦席に座るのは第12期飛行予備学生出身の高臣亮祥中尉。照準器を外したあとの前部遮風板の穴は金属板で塞がれる様子がわかる。そのやや前方に見える小さな丸穴は7.7㎜固定機銃の発射ガス抜き口、画面左下部分に見える①状の穴はエンジン起動用のエナーシャハンドルを装着する部分で、液冷機とは反対側になった。高臣大尉は721空彗星隊以来、渡辺清規大尉と行動をともにしてきた人物で、終戦当日の8月15日の敵機動部隊攻撃に参加して生還する。

▶上写真の無線空中線支柱部分を拡大する。彗星の無線空中線支柱は零戦のように支柱の内部に電極を通す形式ではなく、胴体左側に手掛のような小さな補助檣を設けてそこから支柱頂部へと伸ばすようになっていた。ただ、引っ掛けて破損することがあったためか三三型ではこの部分を被覆し、風防に沿わせていったん無線空中線支柱下部から上部にかけてタイラップ状のもので留めて碍子に繋ぎ、垂直尾翼頂部へ張っている例がまま見受けられる。

▲愛機彗星三三型の操縦席に乗り込んだK1第3分隊長の渡辺清規大尉で、昭和20年初夏の撮影。沖縄作戦参加のための進出地、国分から百里原基地へ帰還した際のK1は、こじんまりとしたかつての様子とは違い、古手の搭乗員と若手たちが多く集ってにぎわいを見せていたという。写真で注目したいのは前部遮風板の形状で、一見、四三型のようにも見えるが防弾ガラスがなく、照準器も九八式射爆照準器とは異なっていること。これは三三型の最後に生産された43機の最終生産型の1機で、照準器も流星が搭載した三式射爆照準器である（渡辺氏自身も「この機体は爆弾倉の付いた三三型だった」と証言する）。3月29日の列線での彗星爆発で受けた火傷が治っていない渡辺大尉の顔は、ちょっと赤ら顔で痛々しい。

◀上写真の無線空中線支柱部分を拡大したもの。記入された三本の白帯は第3分隊長搭乗機を表していた。分隊長機は無線の感度を上げる必要があったのか、支柱頂部から垂直安定板頂部へと張った無線空中線を折り返し、支柱の根元にまでもってきている。絶縁の碍子に注意。また、本機の無線空中線の張り方は、胴体左側の補助檣から無線空中線支柱頂部の碍子へ直接繋ぐ一般的なものであるのがわかる

▲真夏の百里原基地で列線を敷く601空K1の彗星たち。手前の〔601-76〕は二式一号射爆照準器を搭載した通常の三三型。昭和20年5月5日の改編でK1は各地に残存していたベテラン搭乗員たちを呼び集め、じつに5個分隊100機を擁する一大飛行隊にふくれあがった。この機体はカウリングの先端に白く標識を付けているようだ。

▶滑走路から遠く、分散秘匿された彗星四三型〔601-87〕を整備する。本機のカウリング先端には上携写真の機体とはまた別の標識が記入されている。カウリング側面には滑油や燃料搭載量など記す整備項目も設けられている。

左ページと同じ列線を彗星三三型〔601-76〕の胴体下面ごしに撮影した1葉で、中央には左ページ下段に掲載した彗星四三型〔601-87〕が写っている。同じ機体を左右で捉えたケースは少ないが、本機の場合も右と左で機種の塗り分けパターンが違っているのがわかって興味深い。戦力を充分に整えた601空K1ではあったが、8月9日、13日、そして終戦直前の8月15日に敵機動部隊攻撃を実施した際には援護戦闘機もないままの出撃となり、多くの若い命が散ることになった。

episode 2

第601海軍航空隊攻撃第1飛行隊
第二御楯隊出撃からの再編

601空といえば第1航空戦隊の空母に搭載される、艦隊決戦の切り札となる航空隊であった。攻撃第1飛行隊はその艦爆隊の後身だったが、硫黄島周辺艦船攻撃の神風特攻第二御楯隊を出撃させてから、沖縄航空戦へと馳せ参じるまでにはわずかひと月あまりの期間しかなかった。その一端を切り取る。

二代目隊長、国安昇大尉

　昭和20年2月20日付で601空の艦戦隊、艦爆隊、艦攻隊はそれぞれ戦闘第310飛行隊、攻撃第1飛行隊、攻撃第254飛行隊と再編された。
　この前日の19日に601空では硫黄島周辺の敵艦船を撃滅するために神風特攻第二御楯隊を編成しており、とくにその主力となるK1では飛行隊長の村川弘大尉（海兵70）以下、腕っこきの隊員たちを選抜。2月21日に香取基地から八丈島へ進出した第二御楯隊は夕闇迫る硫黄島沖合へ殺到、空母サラトガを大破させ、護衛空母ビスマルク・シーを撃沈する。
　それと引き換えに壊滅状態となったK1を再建するために昭和20年2月27日に新飛行隊長に発令されたのが国安昇大尉だった。国安大尉は海軍機関学校51期出身。海兵70期生のコレスに当たる彼らは、昭和16年11月15日に海軍機関学校を卒業、海軍機関少尉候補生となる。国安候補生は戦艦

▶K1の2代目飛行隊長に補された国安昇大尉は海機51期出身。昭和19年1月29日に第39期飛行学生を終えて築城空へ配属、210空附を経て昭和20年3月4日に香取基地へ着任（発令は2月27日）し、第二御楯隊が出撃したあとのK1を再建。沖縄作戦が始まるやこれを率い、4月7日の敵機動部隊攻撃で戦死した。

金剛乗組を命ぜられ、昭和17年6月1日に海軍機関少尉に任官（金剛乗組被仰付となる）、8月1日には整備学生となった。整備学生とは飛行機整備を専門とする機関科将校の進路であったが、年の明けた昭和18年1月15日にこれを免じられ、同日改めて練習航空隊飛行学生を仰せ付けられている。
　じつはこれまで、機関科将校には艦艇や部隊の指揮権が認められておらず、飛行機搭乗員も海兵出身の将校（兵科士官のみをこう称する）に限られていたのだが、昭和17年11月1日に軍令承行令が改定されて兵科将校と同様な扱いになり、階級呼称も海軍機関少尉から海軍少尉へと一本化されると、機関科将校の搭乗員登用が始まることとなる。
　国安少尉は海兵70期、71期を主体とする第39期飛行学生となり、霞ヶ浦空で中練操縦を終えて宇佐空での偵察学生を昭和19年1月29日に卒業、同日付けで築城空（2月20日、553空と改編）へ配属された。3月8日に霞ヶ浦空附兼教官となり、9月15日付けで第210海軍航空隊附と発令されている（17日着任）。210空では第8分隊士（艦爆隊）兼通信長代理という役職だった。本来なら海兵70期生や海機51期生たちは分隊長を勤めるところで、飛行隊長になっている同期生もいるなかで、錬成航空隊の210空は層が厚かったからだ。
　210空艦爆隊での他愛のない会話の中で、整備分隊士の小山敏夫少尉が海機53期生であることを知った国安大尉は
「おっ、それじゃぁ、本来は我々の四号生徒かっ!?」
と至極親しみを感じてくれていたようであった。海軍機関学校も海軍兵学校と同様、一号生徒（最上級生）から四号生徒（1年生）までが分隊を編成して生活していたが、海兵70期生、海機51期生たちは四号生徒となる海兵73期生、海機53期生の入校を見ずに繰り上げ卒業となっていた。
　偵察専修の国安大尉のもっぱらのペアは艦爆の神様といわれた染矢岩夫飛曹長（操練33。のち少尉）で、仲良く同乗して試飛行に、また訓練に飛んでいた様子が伝えられる。
　K1へ着任した時の国安大尉は機関科出身でありながら飛行隊長に補されたことに大いに張り切っていたという。なお、辞令はK1飛行隊長兼分隊長で、兼任は大変だろうと思ってしまうが、これは直率の分隊があるということを意味して

▲210空艦爆隊の彗星三三型に乗り込んだ染矢岩夫少尉(前席)と国安昇大尉(海機51)。このふたりのペアが度々飛行していたという。染矢少尉は昭和20年5月に国安隊長なきK1へ合流する。

いる(飛行隊長だけの発令だと、隊員はすべて分隊長の掌握となるので、融通が利かないこともあった)。

分隊長、寺岡達二大尉

国安隊長のもとでNo.2としてK1の再編成に励んだ寺岡達二大尉は海兵71期出身。海兵71期生は昭和17年11月14日に海軍兵学校を卒業、少尉候補生となると、長門、陸奥以下戦艦6隻からなる練習艦隊に配乗を命じられた。戦艦扶桑乗組を命じられた寺岡候補生は、昭和18年1月15日付けで練習航空隊飛行学生を命じられ第39期飛行学生となる(海軍少尉に任官する昭和18年6月1日までは辞令が「○○ヲ命ス」と発令される)。つまり、飛行学生は国安隊長と同期であった。

霞ヶ浦空で中練操縦をマスターした寺岡少尉は宇佐空での艦爆操縦学生を昭和19年1月29日に終え、同日付けで霞ヶ浦空附兼教官と発令、御礼奉公とばかり中練教程の教官を務めた。昭和20年1月25日付けで131空分隊長と補されて、新設された固有の艦爆隊の隊長となるのだが、人員も機材もそろわないままこの艦爆隊は2月20日に131空から削除され、機材は攻撃第3飛行隊へ、人員は601空K1へ編入されている(両部隊とも香取基地所在)。神風特攻第二御楯隊の出撃は、その翌日の21日のことだ。

寺岡大尉のK1着任からほどなくして、国安新隊長が香取基地に着任してきたことになる。

元気の発露、若手士官たちの着任

隊長、分隊長の着任により幹部がそろうと、それを補佐する分隊士たちも配属されてくる。

2月25日付けで横須賀空からK1附へと発令されたのが第13期飛行専修予備学生出身の松倉弘文少尉、杉浦豊少尉(いずれも宇佐空前期艦爆)、佐久間努少尉(徳島空偵察)の3名。
〔以下、( )内は卒業練空と専修〕

3月5日付けで210空から第13期飛行専修予備学生出身の安部茂夫中尉、巻島秀次少尉、小味山太一少尉、谷川隆夫少尉、川部裕少尉、米谷克躬少尉(以上名古屋空艦爆)、古橋達夫少尉(鈴鹿空偵察)がK1附と発令され、7日に香取基地へ着任。このうち小宮山少尉だけは転勤辞令の行き違いか210空に留まり、のちにK3附となって終戦を迎える。

3月8日、9日で茨城県百里原基地へ移動すると、10日から11日にかけて、やはり3月5日付けでK1附と発令されていた第13期飛行専修予備学生出身者たちが着任してくる。大井空附兼教官からの立花久幸中尉(上海空偵察)、藤田忠信少尉(大井空前期偵察)、二井光雄少尉(大井空偵察)、徳島空附兼教官からの北村久吉中尉と和田守圭秀中尉(両名とも徳島空偵察)の偵察専修者である。

3月15日付けで210空からK1附と発令された島村周二中尉、杉浦喜義中尉は海兵73期生。ふたりとも海軍兵学校卒業と同時に第42期飛行学生となり、霞ヶ浦空で中練教程を終えて、島村少尉(当時)は百里原空で偵察学生に、杉浦少尉(当時)は同じく百里原空で艦爆学生へ進み、昭和20年2月28日付けで教程を卒業して210空附と発令されていた。210空は錬成航空隊であったが、沖縄決戦間近と見られていたこの時期、73期生たちは各地の実戦航空隊への配属を待つようなかたちでいったんここへと発令されていた。

3月24日にはK3でフィリピン決戦に参加していた海兵72期の百瀬甚吾中尉も着任し、2月20日の改編で601空附きからK1附となっていた同期生の高橋孝一中尉とともに飛行隊士を勤めることとなった(発令は3月10日)。

こうしたなかへさらに合流した一団が、渡辺清規大尉ら、722空艦爆隊からの転入者たちだ。彼らはもともと桜花攻撃を主任務とする721空神雷部隊の斬込み隊として編成された艦爆隊であり、桜花二二型装備を目指す722空が編成された2月15日付けでここへ編入されていたのだが、再編を

◀寺岡達二大尉は海兵71期生身。昭和19年1月29日に第39期飛行学生を終えると霞ヶ浦空教官となり、131空艦爆隊指揮官を勤めたのち、昭和20年2月20日にK1分隊長となった。再編成に尽力し、3月29日に国安隊長らとともに沖縄作戦のため百里原基地から進出。4月3日の敵機動部隊攻撃で戦死する。

▲1947年に撮影された百里原基地跡。もともと中練教程用に作られた原っぱの飛行場であった。現在の百里基地は白い破線の中の右下の部分に滑走路や施設を設けており、だいぶ配置が違う。（写真／国土地理院）

急ぐK1への増援として注入されたのである。

その陣容は3月20日付けでK1分隊長に発令された海兵71期の渡辺清規大尉（これで国安隊長は免兼任）のほか、第12期飛行予備学生の高臣亮祥中尉、第13期飛行専修予備学生出身の榊原靖中尉（宇佐空前期艦爆）、岡田敏男中尉（台南空艦爆）、天谷秀郎中尉（百里原前期艦爆）、中井紀中尉（青島空偵察）であり、28日に神ノ池基地から百里原へ着任。

さらに3月25日付けで722空艦爆隊から田中幸二中尉（台南空前期艦攻）、島田忠裕中尉、小沢勝中尉、野中正中尉（以上、台南空艦攻）もK1附と発令され、29日に着任してくる。

国安隊の九州進出

渡辺清規大尉がK1へ着任した3月28日は、翌日に国安隊長直率で天一号作戦参加のため九州へ進出するということで隊内は慌ただしく、とくに隊長からの申し送りもないまま、渡辺大尉は残留隊の指揮を任されたかたちだった。

明けて3月29日、S310と新たに601空に編入されたS308の零戦23機、やはり新しく編入されたS402の紫電11機とともにK1は彗星三三型、四三型合わせて22機、九九艦爆1機を発進させるべく準備していた。

国安隊長や同期生の寺岡大尉の見送りのため日の丸の旗を竿に立てて飛行場へ詰めかけた渡辺大尉、1400に発進にかかった戦闘機隊の爆音のさなか、続いて発進するK1の列線に人だかりができて大騒ぎになっているのに気が付いた。

彗星三三型〔601-25〕のタンクから漏れた燃料（旋回機銃の誤射で燃料タンクを打ち抜いたともいう）に引火して火災が発生、これをやっきになって消火しようとしていたのだ。

火災はすでに手の付けられないほど大きくなっており、周囲から「もう間に合わない」「避難しろ！」との怒号が飛んでいたが、それも暖機運転の爆音にかき消されて当人たちには届かない。彗星の爆弾倉には不意の会敵に備えて五〇番通常爆弾が懸吊されている。

一瞬のうちの閃光と爆風。

気が付くと渡辺大尉は旗竿を持ったまま膝立ち状態に崩れ落ちていた。体はなぜか先ほどとは反対側を向き、顔面は火傷を負って、服装もぼろぼろ。

火災を起こしていた彗星は消し飛び、偵察員の中井紀中

▶第12期飛行予備学生の豪傑、高臣亮祥中尉（右）と第13期飛行専修予備学生岡田敏男中尉。高臣中尉は721空艦爆隊以来の渡辺清規大尉の腹心の部下で、国安大尉らの第1陣が壊滅すると岡田中尉らを率いて後詰めとして国分へと前進。4月17日に喜界島沖の敵機動部隊攻撃を実施して敵戦艦への命中弾を報じて生還するが、岡田中尉の彗星は未帰還となった。

▲「我らの彗星突撃隊」と印画紙に裏書きされた昭和20年5月下旬のK1国分派遣隊の陣容。前列左から岩部敬次郎1飛曹（甲12／★8.9）、榊原靖中尉（予13／★8.9）、北村久吉中尉（予13／★8.9）、田中幸二中尉（予13／★8.9）、野中正中尉（予13）、分隊長・渡辺清規大尉（海兵71期）、島田忠裕中尉（予13／★6.10）、小沢勝中尉（予13）。2列目左から阿知波延夫1飛曹（丙特14）、遠藤良三上飛曹（乙17）、鈴木実上飛曹（乙17）、板橋泰夫上飛曹（甲8／★8.9）、舟越豊1飛曹、増岡輝彦1飛曹（甲12／★8.9）。3列目左から木下正1飛曹（甲12／★8.9）、広嶋忠夫1飛曹（甲12／★8.9）、布家好雄1飛曹（丙12）、加籠六恒夫上飛曹（甲9）、南喜市1飛曹（乙16）、島村周二中尉（海兵73）、遠山明上飛曹（乙17／★8.9）、流鏑馬一二1飛曹（乙18）、笛田保雄上飛曹（乙17）、為政恭平1飛曹、田中照男1飛曹（乙18／★6.10）、近藤運1飛曹（乙18）。多くが4月30日に渡辺分隊長が引き連れて進出した面々。★は戦死とその月日で、8月9日の金華山沖敵機動部隊攻撃に戦死日が集中していることがおわかりいただけるだろう。

尉、用務士の大芝乙夫少尉ほか地上員8名、さらにS310の隊員5名が殉職するという大惨事となったのだった。

　離陸したK1は中継基地の松山へ向かったが、あいにくと春の天候は不安定で、1530に零戦17機、紫電7機とともに彗星7機が明治基地に不時着、2機が1700に松山へ降着し、国安隊長直率の12機が百里原へ引返してきた。

　翌30日0940に香取基地から発進した零戦20機、紫電1機と国安隊長直率の彗星三三型10機、四三型2機が向かったのは明治基地で、1110に全機無事到着。

　冒頭に登場する210空の小山中尉は不時着してきたこれらK1の面倒を見るようにと指示され、国安大尉とばったり再会したという。

K1、幻の敵機動部隊攻撃

　国安隊長が率いる第1陣が4月上旬に壊滅したあとを受けて第一国分基地、ついで第二国分基地へ進出した渡辺分隊長率いる第2陣は敵機動部隊との会敵に備えて待機する毎日が続いていたが、5月10日0700以後に対敵機動部隊三時間待機と発令された。これは1258に攻撃待機を解かれたのだが、翌11日0300以後、再び対機動部隊三時間待機となった。

　やがて天信電令第三一五号により、0630上空発進（その前に各機が発進しておき、0630に基地上空から目標へ向け行動を起こすこと）するべく、0610に零戦が発進した際に列線の九九艦爆に接触して火災が発生。次々と誘爆を起こし、K1もこのもらい火で彗星三三型1機、四三型5機を消失、三三型1機と四三型1機が大破し、菊水六号作戦への参加は不可能となってしまった。

　このため、翌12日に鹿屋からさし迎えの零式輸送機に搭乗した渡辺大尉らのK1隊員たちは百里原の本隊へ復帰、昼飯を食べる間もなく補充機を受け取って国分へ取って返さねばならなかった。

　この12日付けで新たに「天空襲部隊722部隊」と部署（軍隊区分上の呼称）されたK1国分派遣隊は、結局戦機を得ることなく、6月に百里原へ引き上げることとなった。

　そして、その熟成された闘志と技倆は、終戦直前の8月9日に金華山東方沖に出現した敵機動部隊攻撃にと発揮され、渡辺分隊の多くの隊員たちが散っていくこととなる。

彗星の垂直尾翼に
記入された番号は？

日本海軍機の垂直尾翼には「部隊記号」と「機体番号」を組み合わせた機番号が記入されるのが常だが、彗星の中には2ケタの数字を大書したものがある。これは愛知航空機で記入された製造番号末尾数字だ。

愛知製彗星はロールアウト時に垂直尾翼へ製造番号の下2ケタの数字を記入するのがならわしであった。151空で使用された極初期の二式艦偵とはまた別の書体で、部隊側に引き渡されてからこれを濃緑色で塗り潰し、機番号を記入する。ここでそれを何例か見てみよう。

なお、参考までに同じ愛知製の流星一一型の例を掲載する。こちらにも同じ書体が用いられていることがわかる

▶彗星三三型を背にした210空艦爆隊の石野正彦少尉。部隊に届いて間もない機体と思われ、垂直尾翼の番号はロールアウトした時のまま。石野少尉はこのあと攻撃第5飛行隊に移り、新鋭艦爆流星の操縦員となるが、昭和20年8月1日に殉職する。

▲彗星一二戊型（右手前）〔19〕の例。

▲〔30〕の例。機体は彗星三三型と推定

▲彗星三三型〔4?〕の例。

▲彗星三三型〔57〕の例。

▲流星一一型〔10〕の例。

▲流星一一型〔44〕の例。

第9章
航跡の果てに

日本海軍の主力と見なされていた彗星の装備部隊は多岐に亘る。それはこれまでに見てきた陸偵隊や夜戦隊、そして艦爆隊などであるが、ここでその他の部隊を紹介し、また、戦中終戦後に米軍が記録に残した写真を併せて見てみたい。

マリアナに侵攻して来た米軍の手に落ちた彗星一一型。主翼上には九〇式爆撃照準器など

宇佐海軍航空隊艦爆隊

昭和20年9月、宇佐海軍航空隊の飛行場脇に並べられた彗星三三型を地元在住の徳田善四郎氏が撮影した貴重な写真。わかりづらいがこの機体の向こう側にもう1機、彗星三三型が擱座している。機首の塗り分けが直線的になっている1機で、主翼下面や胴体（おそらく主翼上面も）の日の丸に白フチの付かない後期生産機。尾翼の機番号は塗り重ねがあるため判然としないが〔ウサ202〕と推定する。宇佐海軍航空隊は昭和14年10月1日付けで創設された艦爆、艦攻の実用機練習航空隊で、一時は偵察員教育にも携わった。大戦末期には他の練習航空隊と同様、特攻編制に組み込まれ、練習機材である九九艦爆や九七艦攻などで出撃。最後の特攻隊として教官、教員を基幹とする彗星特攻隊が編成されていたものの、4月22日のB-29宇佐空襲により機材が大破したため出撃しなかったと伝えられている。左奥の機体は練習機として大成しなかった二式中間練習機。

（写真提供／宇佐市教育委員会）

short episode 1

教官・教員も特攻へ
宇佐海軍航空隊の彗星

日本海軍の練習航空隊は慢性的な機材不足に喘ぎ、使用機材は第2線の機体
ばかりであった。艦爆、艦攻の実用機教程を受け持つ宇佐海軍航空隊も同様
で、練習生たちは九九艦爆や九七艦攻で訓練に励んでいた。
そして昭和20年、練習航空隊が特攻編成となると、練習生たちの後詰めと
して、教官・教員たちが残った彗星で最後の出撃を画策する。

　宇佐海軍航空隊は昭和14年10月1日付けで艦爆、艦攻の
実用機教程と偵察員教育を受け持つ練習航空隊として創設さ
れた。とくに昭和10年代に急速に台頭してきた急降下爆撃
機＝艦爆については宇佐空が総本山的な立場にあった。
　昭和14年10月31日付けで第47期操縦練習生の艦爆・艦
攻専修者が、同12月16日付けで第46期偵察練習生が入隊
して以来、多くの搭乗員たちを輩出、第1巻や本書で度々登
場する梅田章大尉、中津留達雄大尉など海兵70期の艦爆学
生たちもここで訓練に励んでいたが、昭和20年初頭には海
兵73期が主体の第42期飛行学生偵察専修者や、第14期飛
行予備学生、第1期飛行予備生徒、乙飛18期、甲飛12期、
同13期などの艦爆・艦攻操縦専修の教育がなされていた。
　そして2月16日、練習連合航空総隊から特攻編成、並び
に特攻訓練実施が発令されると彼らを取り巻く状況は一変す
る。18日には特攻隊員に選ばれた者が公表され、20日から
は特攻訓練を開始。
　すでに宇佐には2月上旬から721空神雷部隊の一部が進出
しており、中旬には762空K501の銀河隊も展開してものも
のしさを醸し出していたが、次期決戦方面が沖縄であること

が濃厚となった昭和20年3月1日には練習連合航空総隊が
解散、練習航空隊の実戦部隊化がなされ、宇佐空は新編の第
10航空艦隊第12連合航空隊の編制に入った。
　3月26日、宇佐空での特攻訓練は概成、艦爆・艦攻の特
攻隊は「八幡護皇隊」と命名され、4月2日に艦攻隊が串良へ、
艦爆隊が第一国分基地（のち第二国分へ変更）へ進出したのを
皮切りに、12日にかけて逐次前進する。
　艦爆隊の出撃は主に、4月6日の20機、4月12日の21機、
4月16日の20機で、不時着や途中引き返し機もあり、49
機が未帰還、61名が戦死する。
　教え子たちを送り出した宇佐空には彗星一二型4機（実動
2機）と同三三型4機（実動2機）があり、4月20日には教官・
教員たちによる最後の特攻隊が編成された。
　そのなかにいたのが乙飛7期出身の松浪清少尉であった。
第582海軍航空隊艦爆隊の先任下士官として戦った松浪少
尉は昭和18年10月1日の出撃での負傷が癒えた昭和19年
2月、郷里に近い宇佐空艦攻隊の教官となり、乙飛の後輩た
ちや甲飛、丙飛出身者らを教えていたのである。
　宇佐空の特攻隊が編成されるにあたり、「最初は自分がい
く、松浪分隊士は最後を締めくくってくれ」といい、「分隊士
はもともと艦爆乗りだから、最後も艦爆にするか？」と気遣っ
て艦爆隊へ配置転換してくれた艦攻隊長の山下博大尉（海兵
68）は真っ先に艦爆隊を率いて前進、4月6日に戦死していた。
　ところが、練習生たちに恥じない振る舞いをと身を引き締
めていた松浪少尉の乗機に予定されていた彗星は4月22日
のB-29による宇佐空空襲により破壊されてしまう。
　そして沖縄作戦の開始から1ヶ月ほど経過した5月5日、
日本海軍は航空部隊の大幅な整頓を行ない、その際に伝統あ
る宇佐空は解散、以後の艦爆教育は百里原空へ集約されるこ
ととなった。
　松浪少尉らの教官も百里原空へ編入されることとなった
が、古くからの艦爆乗りである古田清人少尉、西之園少尉（松
浪少尉のペア）など一部の搭乗員は同じ百里原基地で戦力を
整える601空K1へ転属し、出撃の機会をうかがいつつ、終
戦を迎えることとなる。

▶松浪清少尉はかつ
て582空艦爆隊の
先任下士官として
戦った偵察員。空戦
で受けた傷が癒え
たのちは故郷に近い宇
佐空で教官を勤め、
教官・教員で編成さ
れた最後の特攻隊と
して待機していた。

97

神武特別攻撃隊誘導隊
（旧偵察第61飛行隊）

▲昭和19年12月、上海戌（ぼ）基地へ突如としてやってきた大編隊は、601空から選抜された神武特別攻撃隊の爆装用零戦とその誘導の彗星隊であった。写真左側の列線、手前の6機が誘導隊の彗星三三型。ひと晩、翼を休めた一行は、もはや末期的状況となったフィリピン決戦への援軍として飛び立っていく。

▶神武特別攻撃隊誘導隊として上海戌基地へ立ち寄ったなかに、上海空で特修科学生を終えた松本茂少尉の姿があった。写真は上海戌基地からフィリピンへ向けての出撃を前に、松本少尉を囲んで撮影された第13期飛行専修予備学生たち。立っている左から伊藤彰少尉、1人おいて間信麿大尉（予学10期）、山下慎三少尉、松本茂少尉、1人おいて黒川義和中尉（予学12期）。間大尉と黒川中尉は彼ら13期予備学生たちが上海空の特修科学生だった頃の教官で、送り出したあともそのまま上海空に勤務していた。松本少尉のマフラーは鮮やかな濃い緑色であったという。機体は二式一号射爆照準器を外した三三型であったことがわかる。

short episode 2

突如として上海へ現れた
ナゾの特攻隊と彗星誘導隊

上海海軍航空隊は偵察員教育のために上海戊基地に新設された練習航空隊であった。昭和19年には第13期飛行専修予備学生たちが訓練に励み、7月24日付けで卒業して実施部隊へ旅立っていった。
その上海空へ昭和19年12月中旬、突如として彗星を誘導機とする零戦特攻隊が飛来した。その先頭には、上海空卒業生の若き少尉の姿があった。

　上海戊（しゃんはい・ぼ）基地はもともと日華事変の最中に上海市外の北に造成された急ごしらえの基地であった。
　それが大幅に拡幅されて上海海軍航空隊、略して上空（しゃん・くう）が創設、搭乗員教育を担うようになるとにわかに脚光を浴びるようになる。
　上空の栄えある1期生は第13期飛行専修予備学生の後期組偵察専修者たちで、彼ら292名が土浦空での地上教育を終えて昭和19年1月に上空へ入隊した時の学生隊分隊長は橋本敏男大尉。ハワイ作戦からミッドウェー海戦へ参加した人物だが、おおかたの読者には昭和20年、343空紫電改部隊の目として期待された偵察第4飛行隊の隊長と言ったほうがピンとくるかもしれない。その他の教官には大塚正雄中尉、森正一中尉、徳川忠永中尉ら3人の海兵70期（3月に着任）や飛行予備学生10期出身の間（あいだ）信麿中尉、同じく12期生の黒川義和中尉らがおり、九〇式機上作業機や白菊を主要機材としての偵察教育を実施した。

　上空の教育方針は「飛行作業以外は、学生たちの自主性に任せる」というもの。人格を重んじた教育は実施部隊へ配属された際に同期生と比較して「なるほど上空卒業生はひと味違っておる」と賞賛されるほどだった。
　昭和19年7月24日に教程を修了した予備学生たちは任地へと旅立っていったが、なかには教官として留まり、上空の2期生となる甲種飛行予科練習生第13期を教えた者もいた。
　そんなひとり、山下慎三少尉が昭和19年12月20日、上空の飛行場にたたずんでいると、突如として50機ほどの味方小型機が飛来した。その先頭は誘導の彗星で、着陸した搭乗員たちのなかに上空出身、卒業時に601空附と発令、8月1日付けで偵察第61飛行隊附となった松本茂少尉がいた。
　山下少尉ら上空に残っていた同期生に出迎えられた松本少尉、懐かしさの反面、どこでどうしていた、これからどうするという話に「言えないことになっているんだ」という。
　この一団は601空から抽出された「神武特別攻撃隊」であった。指揮官は海兵70期の青野豊大尉（第4章に登場する梅田章大尉とともにS162分隊長を勤めた。11月15日付けで601空分隊長）。もともとは空母雲龍に乗り込んでフィリピン沖の敵艦隊へ殴り込みをかけるべく編成された部隊で、直掩の零戦12機、戦爆の零戦12機に誘導の彗星7機が付き、他に予備機として零戦4機が随伴していた（だから合計は35機）。経由予定地の沖縄の天候が悪いため、急きょ上空経由へ変えたと言われる。誘導の彗星は11月15日付けで解隊されたT61の隊員が基幹となっていたようだ。
　箝口令がしかれ、上陸（海軍でいう隊内から外出すること）もならぬと制約されていた松本少尉らを「脱外出」させたのは、同じく上空居残り組の同期生、加賀山明雄少尉の機転によるものだった。
　翌日、いったん台中基地へ前進して給油した攻撃隊はクラークへ飛んだ。その多くは、第23金剛隊の主力となって特攻に散っていくこととなる。
　松本少尉の彗星は昭和20年1月3日、セブ基地を発進して未帰還となった。

▲こちらは神武特別攻撃隊へ彗星誘導隊として参加した床尾勝彦中尉（左・海兵72期）と園田勇中尉（右・海機53期）。写真は松山へ空輸へ出向いたクラス・コレスの中川好成中尉が撮影したもの。園田中尉は零戦特攻隊で昭和20年1月6日に第23金剛隊で戦死。床尾中尉はK102に転じ、4月1日に特攻忠誠隊で戦死する。

※上空教官のうち、森正一大尉は鈴鹿空をへてK5分隊長となり、昭和20年7月25日に流星隊を率いて戦死。大塚氏は戦後、第1次南極越冬隊の車両課長として活躍した。

第332海軍航空隊
彗星夜戦隊

大阪近郊の伊丹飛行場の片すみで撮影された第332海軍航空隊夜戦隊の彗星一二戊型。呉空戦闘機隊に源流を持つ332空は岩国基地をベースに雷電・零戦の昼戦隊と月光の夜戦隊という陣容だったが、昭和20年5月に210空の夜戦隊を吸収した際に少数の彗星夜戦がこれへ加わった。操縦席に座る塩谷健次郎中尉はその210空からの転勤者のひとりで海兵73期出身、第42期飛行学生の中練教程を霞ヶ浦空で、艦爆操縦専修の実用機教程を百里原空で終え、210空に配属された。20㎜斜め銃を搭載した夜戦型の偵察席に、こうして実際に乗り込んだ状態の写真は珍しい。胴体右側の補助檣から直接垂直尾翼頂部へ張って折り返し、無線空中線支柱頂部へともっていく無線空中線の張り方もまた、他では見られないものだ。銃口にかけられたカバーに注意。

short episode 3

最後にできた彗星隊？
第332海軍航空隊夜戦隊の彗星

本土防空はもともと陸軍の担当であり、日本海軍は鎮守府直轄の軍港や周辺施設が担当空域だった。横須賀の302空、佐世保の352空、そして呉の332空が当初の陣容で、昭和19年7月のマリアナ失陥以降、その重要度が増してくる。そして、昭和20年5月、332空に彗星夜戦隊が加わった。

太平洋戦争の開戦以来、日本陸海軍は現有兵力のすべてを最前線へ投入せねばならないほどに余裕がなく、本土防空は新編された部隊が人員・機材を揃えながらの錬成を兼ねて担当するというのが実状だった。

ところが、新型の四発重爆B-29の戦力化が間近であるとの情報を得ると、半信半疑ながら防空態勢を整えるようになる。本土防空はもともと陸軍の担当とされており、海軍は自らの庭ともいうべき鎮守府直轄の軍港と周辺施設を守るように定められた。これが横須賀鎮守府の302空、佐世保鎮守府の352空であり、呉鎮守府の第332海軍航空隊であった。

332空は呉空戦闘機隊を基幹に編成されたもので、雷電と零戦（零夜戦も装備）の昼間戦闘機隊と月光の夜間戦闘機隊の2隊からなっていた。どちらかという他の2つの航空隊よりこじんまりとした規模であったが、戦地帰りも多く、昭和19年11月にマリアナ諸島からのB-29の空襲が始まると昼間戦闘機隊は兵庫県の鳴尾基地に（川西航空機鳴尾工場の隣に造成）、夜間戦闘機隊は大阪近郊の伊丹飛行場（陸軍と民間の供用）に展開して阪神地区防空を担うこととなる。

一方、愛知県の明治基地にあった第210海軍航空隊は実用機教程を担当する練習航空隊と、実施部隊と呼ばれた作戦航空隊の間に位置する「錬成航空隊」という立場の部隊で、甲戦（艦戦）、乙戦（局戦）、艦爆、艦攻、艦偵、そして夜戦（丙戦）の各隊を擁し（陸上機のうち、大型機のみなかった）、飛行学生や飛行練習生を終えて配属された若手搭乗員たちをもう一度鍛え直すのが主任務だった。

同じく昭和19年11月以降、名古屋にもB-29の空襲がなされるようになると、210空も各種戦闘機に加えて艦偵隊（昭和19年12月、302空陸偵隊の中川好成中尉や荒澤辰雄飛曹長ら基幹員がここへ編入された）も三号三番爆弾を懸吊して邀撃に参加。夜戦隊の主力は月光だったが、彗星夜戦も6機程度保有しており、果敢に夜間戦闘を演じている。

昭和20年2月28日に第42期飛行学生の実用機教程を終えた海兵73期の若き中尉たちの半数はその卒業と同時に210空の各隊へ配属され、時を経ずして他部隊へ転勤が発令されたが、なかには"ヌシ"のようにここに留まり、やがて基幹員になっていく者もいた。

そのひとりが海兵73期の塩谷健次郎中尉。艦爆操縦専修を百里原空で終えた彼は2月28日付けで210空附と発令されたが、同期生たちがひとり、またひとりと転勤していくなか、彗星夜戦隊の中核となっていった。

沖縄作戦がひと段落した昭和20年5月5日付けで海軍航空部隊は大規模な戦力整頓を行なったが、その際に210空は昼間戦闘機のみの2個飛行隊として改編されることとなり、その他の機種の各隊はバラバラになるなか、夜戦隊の一団は332空夜戦隊へ編入される。

332空にはそれまで彗星夜戦はなく、終戦直前になって遂にそれが加わったことになる。

この頃のB-29の空襲は再び昼間に切り替わり、それも硫黄島を基地とするP-51が随伴するようになると彗星夜戦の出番はなくなるのだが、その一方で海兵73期の青柳光吉中尉が伊丹飛行場の指揮所でP-51のロケット弾攻撃を受けて地上戦死を遂げるという悲劇にも見舞われている。

終戦時には鳴尾に完備状態の彗星8機を保有していた。

▲第210海軍航空隊夜戦隊の彗星一二戊型。月光の補助機材として使用され、終戦間際には332空へ編入される。

戦場を駆け抜けた彗星

▲撮影場所、部隊ともに不詳ながら彗星一一型の特長をよく捉えた1枚で、胴体下のふくらみから本機は着艦フックを付けているようだ。わざわざ機体番号に「0」を付けた垂直尾翼の機番号の記入法は501空の例にそぐうが、書体がやや違うようにも見え（501空はもっと縦長）、部隊が違うのか時期的な違いによるものなのかは判断がつきかねる。胴体の日の丸を塗りつぶしているのは戦地への出発が近いためか。翼下に吊るされた増槽は彗星専用の330ℓのもの。

▶上写真、増槽部分の拡大。「右58」と記入されているのはこの58号機の右翼に搭載するべく調整されているから。当時の工作精度がうかがい知れる。

▲昭和19年5月の初めにニューブリテン島のガブブ（連合軍呼称：ホスキンス飛行場）で米軍に鹵獲された501空の彗星一一型〔01-070〕。501空の行動調書には昭和19年1月28日に同所へ不時着した機体の記述があり（ただし搭乗員名不詳）、これに該当するものと思われる。本機は垂直安定板が現存し、そのステンシルから「愛知製造第3193号（頭の3はダミー数字なので、通算193号機）」がわかるほか、機体名称を「二式艦上偵察機」と記載しているのが興味深い。本機に限らず、機体銘板などの表記は実際の型式よりもあとになって改められる傾向がある。

◀緩降下で肉迫攻撃を敢行する彗星一一型の姿を米軍が捉えたもので、まさに25番通常爆弾（海軍で言う通常爆弾は艦船攻撃用で、対義語は陸用爆弾）が爆弾倉から投弾されたばかり。一一型は尾脚も引き込み式なので胴体下面後端はツライチになっている。筆者はこの写真を紙焼きで入手したが、豊の国宇佐市塾の織田祐輔氏はこの元となったムービーを発掘。一連の映像から、本機がレキシントンを攻撃した503空攻撃107の〔07-021〕であったことを突き止めている（該当記事は雑誌「丸」2018年3月号別冊「永久保存版第二次世界大戦日本海軍機オールカタログ」に掲載）。

▲独特のファウラー式フラップをいっぱいに下げて降着態勢に入った彗星一一型。503空の機体を陸軍飛行第5戦隊の斉藤直康少尉が偶然撮影したもの。補給の利かない南方最前線では主翼の落下式増槽も大事に使われた。一一型独特の引込み式尾脚のカバーの開放角度に注意したい。

▶こちらはマリアナ攻略作戦の最中に出現した彗星を米軍が撮影したもの。機体は一一型で間違いがない。マリアナ決戦までに503空攻撃107は戦力を消耗、523空"鷹"部隊が彗星隊の主力となっていたが、ヤップ島からの逆攻撃も功を奏さず、大きな犠牲を払うこととなった。

▲アツタ二一型の快音を轟かせて飛行中の彗星で、やはり尾脚を引込み式にした一一型。本機は着艦フックを取り外している。やや不鮮明だが、滑油フラップを全開にし、水冷却器フラップを閉じてと、調整しながらの飛行のようだ。垂直尾翼の機番号のうち、機体番号の「10」は読み取れるが、部隊記号（区分字）が判然としないのが残念。漢字のようにも、数字の組み合わせのようにも見えるが……

◀昭和19年夏、東海地方上空を飛行する第141海軍航空隊偵察第4飛行隊の彗星一二型。同隊は栄えある第151海軍航空隊偵察第101飛行隊を基幹として新編成された特設飛行隊であった。不鮮明だが偵4の彗星を捉えたものとしては貴重で、固定式となり、飛び出たままの尾脚や胴体日の丸の白フチ、二式一号射爆照準器を撤去した様子が読み取れる。偵4は偵3とともに台湾沖航空戦、フィリピン決戦に参陣するが、その途中で新鋭艦偵の彩雲を供給され、彗星との2本立てで戦った。フィリピン脱出後の昭和20年2月からは紫電改部隊の第343海軍航空隊に所属したのは有名だ。なお、偵4の隊員たちは一一型を二式艦偵、一二型を彗星と呼称して区別していた。

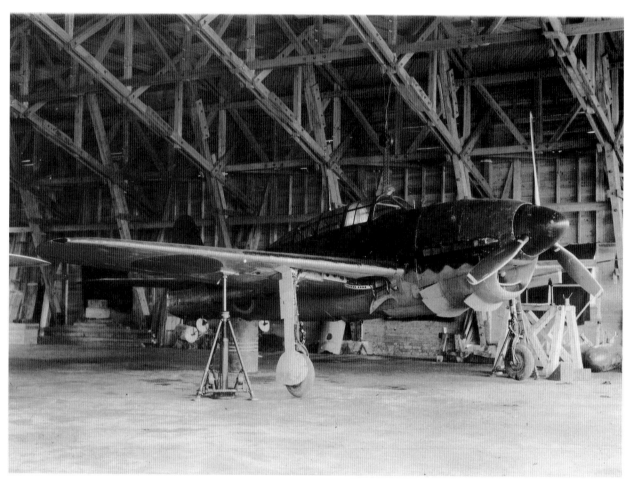

何本もの角材を用いて構築された格納庫(機体置き場?)で撮影された1葉。エンジンカバー上部の膨らみから一二型と断定でき、前方遮風板は初期の二式艦偵や四三型などで見られた前面が平面となった形状のものになっている。撮影データが判然としないが、昭和19年3月17日に航空本部から第1海軍航空廠に対し二式艦上偵察機の「前方視界を良好ならしむる」ため「遮風板竝(び)胴体前方上部覆」を改造するよう指示がなされており、また5月2日には「K8(50糎)航空写真機を装備可能ならしむると共に弾倉内に増槽を装備する」よう二式艦偵86機の改造を命じている(ただし、時期的に当該機は一一型)ので、こうした艦偵仕様に改造された一二型の1機と思われる。なるほど、よく見ると爆弾倉内に増槽が取りけられていることがわかり、機首上面のラインも直線的に絞りこまれて視界の確保に努めているようだ。右主脚の胴体側車輪カバーの所に小さなエアスクープが設けられていることに注意。目立つからか、黄橙色の敵味方識別帯は、ちょうど前縁の中間位置まで塗りつぶされているようだ。

左ページと同じような建物の中に置かれた彗星の機体で、いわゆる「首なし」機の状態。0番フレームの上に見えている前方遮風板の形状や整流板のない尾脚の状態から一二型の中期以降の生産機か三三型のいずれかと言える。愛知航空機での彗星の生産は、いったんこの状態にまで製作した機体を一二型、三三型、それぞれのエンジン搭載工程ラインに送り込むかたちで行なわれた（エンジンの供給状況に応じて完成機が流れたということ）。台架に載せられているのは主脚出し入れの検査のためのようで、右主脚（向かって左側）のカバーが外されているのはこちらに不具合があったためか。動力のない状態で主脚の出し入れができるのは電気駆動の本機ならではのことで、爆弾倉後方の、ちょうどパネルが半開きになっている部分にバッテリーが搭載されている（ただし、バッテリーが上がるので、実施部隊の整備ではエンジンをかけない状態では出し入れしないようにした）。右主脚の向こうには小さく「70」と書かれた統一型増槽が置かれている。

107

残りし翼たち

▶終戦後の厚木基地で撮影された各種の日本海軍機の一群。厚木基地には空輸部隊の1081空や整備員教育を担当する第2相模野空も展開していたが、ここに写っているのは302空の機体がほとんど。画面右におかれている彗星一二戊型はいまだ20㎜斜め銃を装着したままだが、機体の様子からジェイムズ・P・ギャラガー氏の『Meartballs and Dead Birds』(邦訳版『ゼロの残照』イカロス出版)に収録されている〔ヨD-238〕と同一機と思われる。この〔ヨD-238〕が、第2章で紹介した通常の一二型から夜戦へ改造された機体(基本的に同一の番号は使わないので)で、こうして終戦まで存在したとすると、感慨深いものがある。

(Photo by Byron S. Cramblet.)

▲前ページと同じく、終戦後の厚木基地で撮影された日本海軍機群。注目したいのが手前、302空彗星夜戦分隊の一二戊型の細部で、垂直尾翼が背の低い一二型前期生産型であることや、機番号〔ヨD-235〕の下に愛知航空機で記入された製造番号の下2ケタ「19」がそのままになっていること。旧回転風防に当たる20㎜斜め銃のアクセスパネルの留め具が大きなもの1つというのも他と異なる仕様だ。中央の雷電〔ヨD-150〕は二一型だが、カウリングの上面に機銃口の付いた一一型のものを付けているのがわかる（カウリング先端部分の塗装とも一致しない）。左奥のプロペラを付けた機体は彗星四三型のようだ。

▼やはり終戦後の厚木基地で、画面左側、手前から5機目に302空彗星夜戦分隊の一二戊型〔ヨD-275〕が写っており、270番台の機体があったことがわかる（〔ヨD-281〕の写真もある）。

(Photo by Byron S. Cramblet.)

◀追浜基地の格納庫内で米軍により検分される日本海軍機たちで、中央の機体は右主翼(画面向かって左側)の付け根に空気取り入れ口を設けた彗星一一型改造排気タービン装備機〔愛知製造第328号機〕。エンジン覆い内に引っ込んだ排気管が興味深い(機首側面が少し太いか？)。垂直尾翼上端の黄色い三本帯がかろうじて読み取れる。排気タービン装備機の研究は愛知航空機の担当ではないので、当然愛知の資料には登場しない機体ということになる。右奥におかれた流星一一型が気になるところ……!?

◀本書第1巻にも掲載した写真だが、彗星が写っている部分をトリミングした。手前は四三型試作機の〔コ-DY-42〕で、次ページにその胴体後部に搭載された四式噴進機の写真を掲載した。その奥が三式射爆照準器を搭載した三三型最後期生産機〔601-07〕。左奥にいる日章旗風の胴体日の丸を付けた彗星は上写真の機体と同じ一一型改造排気タービン搭載機〔ヨ-257／愛知製造第328号機〕だ。

111

終戦後の追浜基地で撮影された四三型試作機〔コ-DY-42〕の胴体下面部分で、全ページ掲載写真と時間的に前後して撮影されたもの。無骨に装着された「四式噴進機」と、試行錯誤されたことを思わせる外板各部の雑然とした重なり具合がよくわかる。写真に見られるような四三型の胴体後部下面はロケット噴射の熱にも耐えるよう鋼製化が図られていた。画面奥に三三型最後期生産機の〔601-07〕と彩雲一一型改造夜戦が見える。

前掲写真と連続して撮影された1葉。四三型が開発された際には突入速度の促進や敵戦闘機からの離脱のためにと期待された四式噴進機であったが、火薬ロケットを使うこと自体に技術的な無理があり、実用化にはほど遠い存在であった。四三型生産機の胴体下面には搭載されることのない噴進機取り付け用の切り欠きだけが空しく設けられ続けた。

【見開き3枚】護衛空母バーンズ"USS BARNES (CVE-20)"に積み込むため、いったん団平船に搭載する光景を撮影したもので、被写体の機体は四三型。機体全体は黒の防錆塗料でコーティングされているため、どこの部隊で使用されていた機体であるかはわからないが、状態が非常にいいので、あるいは愛知航空機での最終生産機である第71833/1309号機であったのかもしれない。アメリカ本国へはバーンズの他、同じ護衛空母のコパヒーなどが日本陸海軍機を海上輸送したが、バーンズには一一型1機、一二型1機、三三型2機、四三型4機の計8機の彗星が搭載されたと記録にある。右ページ下写真は空母へと向かう彗星で、その奥には伊401潜、やや左奥に戦艦長門の姿が見える。

■護衛空母バーンズに搭載された彗星の製造番号
一一型：1機〔製造番号328〕→ターボ過給器付の〔ヨ-257〕と推定
一二型：1機〔製造番号3199〕→11空廠製一二戊型と推定
三三型：2機〔製造番号1620？〕
　　　　　〔製造番号11959/743〕
四三型：4機〔製造番号91831/3307〕
　　　　　〔製造番号71833/1309〕
　　　　　〔製造番号3177/917？〕
　　　　　〔製造番号31537/713〕
※製造番号に？を付けたものは記録に誤記があるようだ。

▲護衛空母バーンズに積載されてアメリカ本土を目指す日本陸海軍機たち。画面左側手前の液冷機が彗星一二型（11空廠製の一二戊型と推定）、同じ列右端が彗星一一型改造の排気タービン搭載機〔愛知製造第328号機／ヨ-257〕で、爆弾倉のあたりが一段と下に膨らんでいる様子がわかる。

▶別のショットに捉えられたバーンズ艦上の彗星一一型改造排気タービン搭載機。カバーがめくれ、後部回転風防のあたりが見えている。右手前は4機積まれた彗星四三型のうちの機。その右に見える胴体は東海一一型のもの。

◀同じくバーンズ艦上の彗星で、本ページ真ん中写真の右に写っているのが、この写真で左の機体。風防を覆っていたカバーを外したため、後部回転風防部が金属張りとなった四三型後期生産機とわかる。右の機体も彗星だが、この角度では三三型か、四三型かは断定しかねる。バーンズが運んだ8機の彗星はのちに全てスクラップにされ、幻のごとく消えてしまった。

巻末資料

艦上爆撃機彗星備忘録 補足

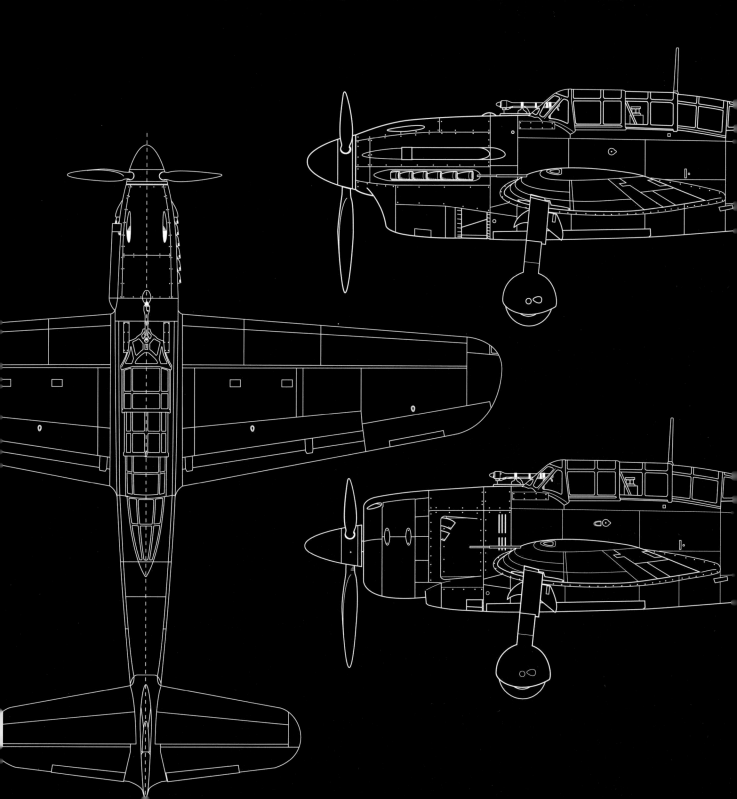

愛知航空機生産彗星の製造番号

愛知航空機による彗星の生産については第1巻で俯瞰して見たが、ここでは主に
製造番号に焦点を当てて、もういちど整理してみたい。

〔協力／宮崎賢治〕

　愛知航空機による二式艦偵／彗星の生産は昭和17年から開始されたが、立ち上がりに大きく手間取り、同年10月になってようやく2機が完成し、11月以降順次、海軍側に領収された（当初は昭和17年中に70機生産する予定だった）。

　なお、昭和17年4月の航空本部資料では愛知生産第1号〜第5号機までを艦爆型として生産の上「空技廠の飛行実験に充当」「第6号機以降70基を偵察機に改造の上生産する」

という計画になっていたが、実際には先行生産機を偵察機として艦隊へ供給し、2機を第11空廠への生産サンプルに、第9号機以降を艦爆の実用実験に、と振り分けられた。

　また、一二型や三三型の試作機は、一一型として生産されている機体から抜き出して転用された。

　なお、製造時期は月別の完成数で算出したもので、実際とは誤差がある。あくまで目安として見ていただきたい。

製造時期		通算機数	製造番号				備考
	期日確定		一一型	一二型	三三型	四三型	
昭和 17年 (1942)		1	31				S17.11.15官領収飛行
		2	32				S17.11.29官領収飛行／艦偵として「瑞鶴」に供給
		3	33				試飛行着陸時大破
		4	34				S17.11.29官領収飛行／艦偵として「瑞鶴」に供給
		5	35				S17.12.24官領収飛行／横須賀空に供給
		6	36				S17.11.25官領収飛行／艦偵として「瑞鶴」に供給
		7	37				生産サンプルとして第11空廠に供給
		8	38				生産サンプルとして第11空廠に供給
昭和 18年 (1943)	02.04	9	39				艦爆としての実験用
		10	310				艦爆としての実験用
		11	311				艦爆としての実験用
		〜	〜				
	03.13	19	319				
		〜	〜				
		28	328				一一型ベースの排気タービン装備機／戦後アメリカ本土へ
		〜	〜				
		30	330				二式艦偵／151空使用／残骸回収
		〜	〜				
		38	338				プロペラ調速器操作系統の調整螺子取付部増強（→37号機以前の22、27、31〜34号機の6機をのぞいた全機に改造指示）
		〜	〜				
		40	340				二式艦偵／151空使用／残骸回収
		〜	〜				
	06.03	45	345				
		46	346				ここから一式一号（のち二式一号と改称）射爆照準器に換装、前方遮風板改造
		〜	〜				
	08.03	60	360				
		〜	〜				
	08.10	66	366				
		〜	〜				
	08.03	80	380				
		〜	〜				
	08.29	93	393				
		〜	〜				
		115	3115				芙蓉部隊S804〔131-212〕
		〜	〜				

■愛知製彗星の製造番号付与法

愛知製彗星の製造番号は、当初は本来の数字に接頭数字の「3」を足したものが付与されていた（三菱製零戦のような形態）。が、生産200号機あたりから製造番号の下1ケタの数字と足して「10」になるダミー数字を頭に付けるように変更されている（中島製零戦のような形態。ただし変更が開始された最初の機体については調査不足でまだ推定の域を出ない）。

末尾が「0」の場合は「1」となる。

では、通算1000号機以降は？　これは……
通算第1000号機　→　11000号
　　第1001号機　→　91001号
　　第1002号機　→　81002号……
と、5ケタ目にダミー数字を付ける。

この頃になると機体は三三型となり、合わせて分数を用いた表記がされるようになった。通算番号が分子、三三型としての番号が分母で、分母数字にも左記した付与法が使われている。

四三型では分母がまた「1」から始まる。

【凡例】
通算第200号機	→ 1200号
第201号機	→ 9201号
第202号機	→ 8202号
第203号機	→ 7203号
第204号機	→ 6204号
第205号機	→ 5205号
第206号機	→ 4206号
第207号機	→ 3207号
第208号機	→ 2208号
第209号機	→ 1209号
第210号機	→ 1210号

製造時期	期日確定	通算機数	製造番号 一一型	一二型	三三型	四三型	備考
昭和18年(1943)	09.18	121	3121				
		〻	〻				
		124	3124				芙蓉部隊S901〔131-231〕→エンジン換装して一二型〔131-180〕に
		〻	〻				
		127	3127				芙蓉部隊S812〔131-223〕
		〻	〻				
		133	3133				芙蓉部隊S901〔131-234〕
		〻	〻				
	09.04	144	3144				
		〻	〻				
		181	3181				爆弾投下装置を手動式から爆管式に、操縦桿上部を10cm延長（→46〜180号機に改造指示）、主脚斜支柱を補強（→180号機以前の機体に改造指示）
		〻	〻				
		183	3183				芙蓉部隊S804〔131-213〕
		184	3184				車輪内袋の強度増大（→183号機以前の機体に改造指示）
		185	3185				芙蓉部隊S812〔131-222〕→エンジン換装して一二型〔131-154〕に
		〻	〻				
		193	3193				501空〔01-070〕／残骸回収／機体には二式艦上偵察機と表記
		194	3194				芙蓉部隊S901〔131-231〕→エンジン換装して一二型〔131-180〕に
		〻	〻				
		199	3199				
		200	1200				【このあたりから製造番号付与法変更と推定】
		〻	〻				
		211	9211				胴体前方上部覆手入窓を拡大し補強（→456〜210号機まで改造指示）
		〻	〻				
		231	9231				25番3発（胴体1、主翼2）搭載（艦偵として使用する機体をのぞく）＆空中線の引き込みを変更（→230号機以前の機体に改造指示）
		〻	〻				
		251	9251				芙蓉部隊S804〔131-215〕
		〻	〻				
		316	4316				523空〔鷹-13〕／残骸回収復元→靖国神社遊就館蔵
		〻	〻				
昭和19年(1944)	02.09	351	9351				
		〻	〻				
		435	5435				芙蓉部隊S901〔131-214〕
		〻	〻				
		455	5455				
	03.15	456		4456			一二型試作機　↓以下4機が最初の一二型試作機
		457		3457			一二型試作機／排油ポンプ応急対策機
		458		2458			一二型試作機
		459		1459			一二型試作機

↓次ページへ続く

製造時期	期日確定	通算機数	製造番号 一一型	一二型	三三型	四三型	備考
昭和19年(1944)		460	1460				
		〜	〜				
		513	7513				芙蓉部隊S812〔131-221〕
		〜	〜				
		520	1520				芙蓉部隊S804〔131-213〕→エンジン換装して一二型〔131-111〕に
		〜	〜				
	03.20	551	9551				
		〜	〜				
		561	9561				
		562			8562/91		三三型(D4Y3)試作第1号機(S19.05.23伊保で試飛、06.05官領収)
		563	7563				
		〜	〜				
		568	2568				芙蓉部隊S812〔131-155〕／一二型として記録。一一型からの改造？
		〜	〜				
		611	9611				→本機以降「低ブースト時の燃料をさらに低減、概ね良好の成績を得たり」
		612		8612			一二型試作機／油温対策実験機
		613	7613				
	05.14	614		6614			一二型試作機／油温対策実験機／試製冷却器＆DB606排油ポンプ装備
		615	5615				
		616	4616				
		617	3617				
		618		2618			一二型試作機／油温対策実験機
		619	1619				
		〜	〜				
		647	3647				残骸回収／機体一部中村泰三氏所蔵(本書第1巻に写真記載)
		〜	〜				
		650	1650				
		651		9651			一二型試作機／D4Y2歯車減少対策機(6/15完成)
		652		8652			一二型試作機／D4Y2歯車減少対策機(6/16完成)
		653	7653				
		〜	〜				
		661	9661				
		662		8662			一二型試作機／油温対策実験機／試製冷却器装備
		663	7663				
		664	6664				
		665		5665			一二型試作機／油温対策実験機
		666	4666				
		〜	〜				
		674	6674				芙蓉部隊S901で一二型〔131-93〕と記録あり、エンジン換装機か？
		〜	〜				
		684	6684				
		685		5685			一二型試作機／油温対策実験機
		686	4686				
		〜	〜				
		705	5705				一一型の最終生産号機
	05.15	706		4706			愛知資料による一二型生産第1号機
		〜	〜				
		737		3737			芙蓉部隊S804〔131-23〕
		〜	〜				
		756		4756			
		757		3757			油温対策実験機
		758		2758			

製造時期		通算機数	製造番号				備考
	期日確定		一一型	一二型	三三型	四三型	
昭和19年(1944)		〜		〜			
		773		7773			
		774		6774			油温対策実験機
		775		5775			
		776		4776			
		777		3777			油温対策実験機
		778		2778			
		〜		〜			
		784		6784			
	05.21	785		5785			油温対策実験機(油タンクより後蓋へ管を導きたるもの)
		786		4786			
		〜					
		819		1819			芙蓉部隊S901〔131-97〕／艦偵型
		〜					
		843		7843			芙蓉部隊S804〔131-112〕
		〜					
		848		2848			141空供給用／マバラカットで米軍鹵獲
		849		1849			
		〜					
		868		2868			141空供給用／マバラカットで米軍鹵獲
		〜					
		873		7873			141空〔141-51〕／終戦後台湾引渡
		〜					
		893		7893			芙蓉部隊S901〔131-175〕／艦偵型
		〜					
		899		1899			芙蓉部隊S901〔131-173〕
		〜					↓通算562号機からこれまでに他に3機試作機あり(製造番号不明)
		901			9901/55		空技廠〔コ-DY-35〕／三三型試作第5号機／写真あり
	→6月以降、一二型と三三型を並行生産(7月から三三型生産機がロールアウトしはじめる)						
		〜					

↓次ページへ続く

■三三型の機体銘板の例

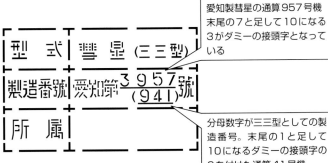

※三三型については米軍鹵獲機の記録から製造番号がわかるが、並行生産されていた一二型の例は確認できない。従来通り通算番号だけの表示だったのではないか？

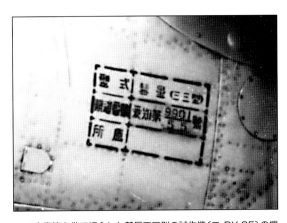

▲本書第1巻で紹介した彗星三三型の試作機〔コ-DY-35〕の機体銘板部分。分数表記の製造番号のうち、分子がダミーの接頭字を付けた通算製造番号、分母が三三型としての製造番号に接頭数字を付けたものなので、彗星としての901号機、三三型の5号機と言うことになる。

製造時期		通算機数	製造番号				備考
	期日確定		一一型	一二型	三三型	四三型	
昭和		921		9921			141空供給用／マバラカットで米軍鹵獲
19年		〵					
(1944)		931		9931			芙蓉部隊S901〔131-181〕
		〵					
		957			3957/941		銘板部分の写真あり／三三型の通算41号機
		958			2958/842		→上下2機の分母数字から三三型と断定
		959			1959/743		戦後米軍引渡し
	10.21	960					→愛知資料による完成記録。型式不明
		〵					
		974			6974/??		763空K3供給用〔763-63〕／マバラカットで米軍鹵獲
		〵					
		985			5985/??		部隊不詳〔02-29〕／マバラカットで米軍鹵獲
		〵					
		1088			21088/8102		マバラカットで米軍鹵獲／三三型の通算102号機
		〵					※このあたりからは全て三三型(通算1088号と同1206号の分母が繋がるので)
		1140			11140/6154		763空K3〔763-83〕／マバラカットで米軍鹵獲
		〵			〵		
		1157			31157/9171		701空へ供給／マバラカットで米軍鹵獲
		〵			〵		
		1193			71193/3207		701空K102へ供給／マバラカットで米軍鹵獲
		〵			〵		
		1206			41206/1220		701空へ供給／マバラカットで米軍鹵獲／銘板の写真あり
		〵					↓以降の機体の製造番号(分母数字)は全ての生産機を三三型とした場合の推定
		1234			61234/2248		763空K3へ供給／マバラカットで米軍鹵獲
		1235			51235/1249		752空へ供給／マバラカットで米軍鹵獲
		〵			〵		
		1242			81242/4256		701空へ供給／マバラカットで米軍鹵獲
		〵			〵		
		1244			61244/2258		701空K102へ供給／マバラカットで米軍鹵獲
		〵			〵		
		1247			31247/9261		763空K3へ供給／マバラカットで米軍鹵獲
		〵			〵		
		1251			91251/5265		701空K102へ供給／マバラカットで米軍鹵獲
		〵			〵		
		1255			51255/1269		701空K102へ供給／マバラカットで米軍鹵獲
		〵			〵		
		1264			61264/2278		701空K102へ供給／マバラカットで米軍鹵獲
		〵			〵		
		1267			31267/9281		701空へ供給／マバラカットで米軍鹵獲
		〵			〵		
		1277			31277/9291		701空へ供給／マバラカットで米軍鹵獲
		〵			〵		
		1285			51285/1299		701空K102へ供給／マバラカットで米軍鹵獲
		1286			41286/1300		763空K3へ供給／マバラカットで米軍鹵獲
		〵			〵		
		1296			41296/1310		763空K3へ供給／マバラカットで米軍鹵獲
		〵			〵		→通算第1444号機あたりが昭和20年最初の完成機？
昭和		1480			11480/6494		
20年		1481				91481/91	愛知資料による四三型試作機／不時放出弁装着、防弾タンク装備
(1945)		1482				81482/82	愛知資料による四三型試作機／不時放出弁装着、防弾タンク装備
		1483			71483/5495		愛知資料による三三型最終生産ロット 三式射爆照準器装備、平面風防

製造時期		通算機数	製造番号				備考
	期日確定		一一型	一二型	三三型	四三型	
昭和	〜				〜		
20年	02.24	1526			41526/2538		愛知資料による三三型最終生産機
(1945)		1527				31527/73	愛知資料による四三型生産初号機／不時放出弁装着
		1528				21528/64	不時放出弁装着
		1529				11529/55	
		1530				11530/46	米国の博物館に機体の一部収蔵
		〜				〜	
		1537				31537/713	戦後米軍引渡し
		〜				〜	
		1600				11600/4176	→分母の製造番号は推定
		1601				91601/3177	不時放出弁装着、防弾タンク装着
		〜				〜	
	02.24	1606				41606/8182	不時放出弁装着、防弾タンク装着
		1607				31607/7183	
		〜				〜	
		1813				71813/1289	航空本部資料による生産最終カウント(S20.07.31まで工場完成)
		〜				〜	
		1830				11830/4306	
	08.10	1831				91831/3307	主翼フィレット後縁に絡車取付線檔装備、爆撃照準器取り付け蓋有り
		1832				81832/2308	
		1833				71833/1309	戦後米軍引渡し
各型式の製造数		1833	692	294	538	309	

1：二式艦偵を含めた一一型の最終生産は通算第705号機（5705号）で、その間に一二型の試作機が12機、三三型の試作機が1機あるため、これを差し引いた生産数は692機となる。

2：三三型の試作第1号機は通算第562号機（8562号機）で、かなり早い時期から試作に取りかかっていることがわかる。

3：昭和19年6月以降、一二型と三三型が並行生産されたが、通算959号機が三三型の43号機であり、同じく三三型とわかっている通算901号機／三三型の試作第5号機との差を計算するとその間の生産数は一二型が58機、三三型が38機となる。一方、三三型とわかっている通算1088号機が三三型の102号機であり、同じく三三型とわかっている通算959号機／三三型の43号機との差を計算すると一二型が70機、三三型が59機ということになる。つまり、並行生産されていた時期の生産数は意外にも一二型のほうが多かったことになる。なお、いま現在、通算何機目からか全て三三型となったかは不明。

4：三三型の最終生産が完成した期日と四三型の通算182号機（8182号）の完成期日が同時なので、両者は生産された時期がダブっている（並行生産されていた）ことになる。

5：「飛行機現状調」が現存する芙蓉部隊の例を見ると一一型の製造番号を付けた一二型が何機かあり、また実際に同部隊で操訓用に持っていた一一型のエンジンを「アツタ」三二型に換装し、一二型として使用しているケースも見られる。それにより一一型の生産数が減るわけではない（いったんは一一型として完成しているので）が、逆に一二型として使われた個体数は工場ロールアウト数よりもかなり多くなることになる。他の部隊でもこうしたリフレッシュ機が存在したはずである。

6：一一型・一二型として生産された機体をカタパルト射出可能にした二一型・二二型や、一二型として生産された機体を航空廠で改造した一二戊型については本表には表れない。

■参考資料■
昭和20年下半期の愛知航空機への発注

終戦直前の昭和20年7月18日に愛知航空機へ内示された、昭和20年下半期における飛行機製造の発注状況。「護国第160工場」というのは愛知航空機の別称（秘匿名）。

紫電改をライセンス生産し、彗星四三型と桜花四三型を製造、流星や晴嵐は打ち切られる予定だった（いつ頃、何号機で、というのは別途指示、とある）。

表の中にある「飛行完了」とは、単に工場で完成させるだけではなく、試飛行を実施して各部の調整を終えた状態にまでもっていくことを表す。

彗星四三型の記事には「複座機とす」とあり、単座での作戦能力の限界があったようだ。

昭和二十年度下半期飛行機機体生産内示調書
昭和20年7月18日　軍需省
会社名　護国第一六〇工場

機種	彗星四三型	紫電改	桜花四三型	計
製造所	永徳工場	瀬戸工場	（原資料空欄）	
	月　別　生　産　数			
10月	50	15	30	95
11月	50	25	50	125
12月	50	40	60	150
21年1月	50	55	60	150
2月	50	70	60	180
3月	50	90	60	200
計	300	295	320	915
記事	複座機とす			

1. 本表は飛行完了を示す
2. 桜花二二型生産に関しては既内示の通とす
3. 流星及び晴嵐の打切番号に関しては別途指示す

第11航空廠における彗星の生産

空技廠で開発された彗星の生産は主に愛知航空機が担当したが、そのほかにも広島県広（ひろ）にあった第11航空廠でも製作されている。その様子を見ておこう。

　休山のそびえ立つ岬を挟んで呉軍港の東隣に位置する広島県賀茂郡広村（現在は呉市の一部）の平地に、呉海軍工廠広支廠が設置され、同時に航空機部が開設されたのは大正10（1921）年1月15日のこと。それは第一次世界大戦での欧米の航空機発達から遅れを取った日本海軍が、急速に、大幅な航空拡充を図る必要から創設したものであった。

　同年、センピル航空団が持ち込んだショートF-5飛行艇を国産化すると、大正12年にはドイツのロールバッハ社へ岡村純造兵大尉らを派遣して全金属製飛行艇の研究に入り、大正13年4月1日に広海軍工廠として独立。昭和2年にはR-1号飛行艇をアップデートしたR-3号飛行艇を完成させ、一五式飛行艇（これはまだ木製）、八九式飛行艇（ここから金属製）、九〇式飛行艇、九一式飛行艇を次々と製作していく。

　やがて昭和7年、のちに九五式陸上攻撃機となる七試特種攻撃機の開発を行なったのを最後として、広工廠における設計技術や人員は、同年横須賀に創設された海軍航空工廠（のちの海軍航空技術廠）へ発展的に集約され、以後は飛行機の生産や修理などに専念することとなった。

　そして太平洋戦争開戦直前の昭和16年10月1日、広海軍工廠飛行機部は第11航空廠と改編された。この頃はちょうど零式水上偵察機のライセンス生産が行なわれていた。

　昭和18年に入り、空技廠開発の十三試艦爆が二式艦偵／彗星として愛知航空機で多量生産の段階に入ると、その拡充のため11空廠もその生産を受け持つこととなった。

　11空廠における彗星の生産第1号機が完成し、日本海軍に引き渡されたのは昭和19年4月。右ページ表を見てもわかるように同年8月には月産20機の大台に乗った。のちに芙蓉部隊に供給された機体の製造番号を見ると11空廠製の生産第19号機（機体銘板には319と記載）が一一型、第23号機（同じく第323号機）が一二型となっているので、後者がアツタ二一型を搭載する一一型として生産されたあとでアツタ三二型エンジンへ換装して一二型に改修されたのでなければ、この両者の間で生産が切り変わったことになる。

　その後、10月にいったん生産機数0機となったのは愛知製彗星一二型の供給直後に発生したアツタ三二型のエンジントラブルの影響によるものと思われ、11月以降は平均24機をコンスタントに生産し続けるようになった。

　終戦直後に米軍へ提出するために製作された資料によれば終戦直前になってもなお11空廠は、「罹災しなければ」との但し書きをしながらも「月産彗星30機の部品生産能力」と強気の記述がなされていた。昭和20年5月以降の生産は5月に6機、6月に11機、7月に6機と激減しているのは「紫電改」への生産転換のためか。なお、彗星、紫電改ともに広で部品を製作し、岩国支廠へ運び込んで組立てる態勢で、岩国支廠の組立て能力は「彗星月産20機、紫電改5機」となっていた。

　終戦までに11空廠で生産、海軍へ引き渡された彗星は航空本部資料によれば212機で、いずれも液冷の一一型、一二型（夜戦型の一二戊型を含む）であった。搭載したアツタエンジンは全て愛知航空機の生産によるものである。

　空冷の三三型が実用化されたあと、愛知航空機での彗星の生産は一二型と並行してなされていたが、それも10月には終了。以降は第11空廠だけが液冷型彗星を生産したわけで、装備機材の製造番号の記録のある第131海軍航空隊の3個飛行隊を統合運用した関東空部隊／芙蓉部隊（第2章参照）のほか、第302海軍航空隊、第352海軍航空隊、第210海軍航空隊の陸偵隊と夜戦隊（のち第332海軍航空隊へ編入）などで使用された彗星／彗星夜戦の多くは、この第11空廠製だったと見て間違いあるまい。

▲彗星の生産を担当した11空廠は呉の東隣に位置した。（写真／国土地理院）

第11航空廠製彗星 製造番号表

製造時期		月産機数	製造番号	判明せる型式	備考
昭和19年	4月	1	31		
	5月	4	32 ～ 35		
	6月	5	36 ～ 310		
	7月	1	311		
	8月	20	312 ～ 315	一一型	芙蓉部隊〔131-232〕
			～ 319	一一型	芙蓉部隊〔131-224〕 →このあたりまで一一型か？
			～ 323	一二型	芙蓉部隊〔131-153〕
			～ 325	一二型偵	芙蓉部隊〔131-110〕
			～ 327	一二型	芙蓉部隊〔131-179〕
			～ 331		
	9月	12	332 ～ 343		
	10月	0	―		
	11月	24	344 ～ 358	一二型	芙蓉部隊〔131-62〕
			～ 365	一二型	終戦時在台湾(所属部隊不詳)
			～ 367		
	12月	25	368 ～ 375	一二型	芙蓉部隊〔131-83〕
			～ 389	一二戊型	芙蓉部隊〔131-75〕
			～ 392		
昭和20年	1月	24	393		
			394	一二戊型	芙蓉部隊〔131-04〕
			～ 3102	一二戊型	芙蓉部隊〔131-150〕
			～ 3104	一二戊型	芙蓉部隊〔131-133〕
			3105	一二戊型	芙蓉部隊〔131-109〕
			～ 3107	一二戊型	芙蓉部隊〔131-136〕
			～ 3114	一二戊型	芙蓉部隊〔131-52〕
			～ 3116		

製造時期		月産機数	製造番号	判明せる型式	備考
昭和20年	2月	22	3117 ～		
			3119	一二戊型	芙蓉部隊〔131-78〕
			3120	一二戊型	芙蓉部隊〔131-174〕
			～ 3127	一二戊型	芙蓉部隊〔131-76〕
			3128	一二戊型	芙蓉部隊〔131-36〕
			～ 3137	一二戊型	芙蓉部隊〔131-177〕
			3138		
	3月	26	3139 ～	一二戊型	芙蓉部隊〔131-133〕
			3143	一二戊型	芙蓉部隊〔131-14〕
			～ 3149	一二戊型	芙蓉部隊〔131-137〕
			～ 3153	一二戊型	芙蓉部隊〔131-139〕
			～ 3157	一二戊型	芙蓉部隊〔131-176〕
			～ 3163	一二戊型	芙蓉部隊〔131-27〕
			3164		
	4月	25	3165 ～		
			3168	一二戊型	芙蓉部隊〔131-69〕
			3169	一二戊型	芙蓉部隊〔131-67〕
			～ 3173	一二戊型	芙蓉部隊〔131-101〕
			～ 3174	一二戊型	芙蓉部隊〔131-102〕
			～ 3177	一二戊型	芙蓉部隊〔131-151〕
			～ 3181	一二戊型	芙蓉部隊〔131-106〕
			～ 3183	一二戊型	芙蓉部隊〔131-107〕
			3185	一二戊型	芙蓉部隊〔131-105〕
			～ 3189	一二戊型	芙蓉部隊〔131-135〕
	5月	6	3190 ～ 3192	一二戊型	芙蓉部隊〔131-152〕
			～ 3195		
	6月	11	3196 ～ 3199	一二戊型	戦後米軍引渡→アラメダへ
			～ 3206		
	7月	6	3207 ～ 3212		
合計製造数		212			

1：第11航空廠製の二式艦偵／彗星の製造機数について、航空本部資料を軸として各種資料により生産第1号機から生産第212号機までの生産状況、生産型式を整理した。

2：11空廠の二式艦偵／彗星の製造番号は頭に「3」を付けるだけの簡単なもの。これは三菱の「零戦」や、川西の「紫電」「紫電改」などと同様なやり方だ。

3：11空廠における彗星の生産は液冷式の一一型と一二型のみで、とくに愛知での一二型の生産が終わったあとも11空廠では一二型が作り続けられた。

4：表中に芙蓉部隊とあるのは同部隊の整備分隊の資料である「飛行機現状調」に記載のあるもので、多くが一二戊型である。こうして見るとだ11空廠の生産機数の10％強が芙蓉部隊の3個飛行隊で使われたことがわかる。

参考 彗星四三型が最初に供給されたのは131空艦爆隊？

彗星の最終生産型となった四三型は単座の特攻仕様、あるいは戦時急造型ともいえる型式だったが、「第131海軍航空隊戦時日誌」や「攻撃第105飛行隊戦時日誌」によれば昭和20年1月の時点ですでに部隊供給が始まっていることがわかる。

「131空戦時日誌」には1月22日の項に「彗星四三型二機受入」「使用可能機数（整備又は修理中）彗星四三型〇（二）」との記述が初めて表れ、1月28日には「使用可能機数（整備又は修理中）彗星四三型二（〇）」となるが、その翌日の29日には「使用可能機数（整備又は修理中）彗星四三型二（三）」とあるので、記述はないものの28日か29日にかけてもう3機を受領したものと思われる。保有は5機ということになる。

一方、同月の「K105戦時日誌」では日付の記録はないものの1月中に彗星四三型5機を補給として受取り、うち2機を「整備完成数」に数えているのだが、同じ「K105戦時日誌」の1月31日の「使用可能機数（整備又は修理中）」の項目の中には四三型の記述がない。これはK105にとってこの5機の四三型が、あくまで131空からの整備預かり機だったことを意味するものと思われる。

131空は昭和19年1月10日付で定数9機／補用3機の航空隊固有の艦爆隊を付加されており（同日付で定数18機／補用6機の艦攻隊が、さらに1月21日付で定数12機／補用4機の「甲戦（戦爆）隊」も追加された）、この5機は131空艦爆隊用として供給されたようだ。

この四三型は2月16日の米機動部隊関東空襲により1機が地上で被弾炎上、残り4機となり、2月19日に601空飛行機隊を基幹として編成された神風特別攻撃隊第二御楯隊に131空から参加することとなった小平義男少尉、川崎直飛長（ともに操縦）の乗機として2機が転出、残りは2機となった。

2月17日からK105が国分基地への進出を開始、2月20日には131空から固有の甲戦、艦爆、艦攻隊が削除され、寺岡達二大尉や阿知波延雄2飛曹（元K5彗星隊の生き残り）らの旧131空艦爆隊員たちは香取基地に同居していた601空攻撃第1飛行隊へ転勤する

固有の艦爆隊が削除されたあとの131空管理下の彗星の機数は別表のようなものだが、これはK105につぎ、新たに131空の指揮下で戦力再建に入った攻撃第3飛行隊、略称K3の装備機を表しているようで、四三型も131空艦爆隊の消滅とともにK3へ供給替えとなったと思われる。

その証拠に、やがて3月5日付でK3が所属航空隊を252空に変更されると同時に彗星三三型、四三型の記述はされなくなるのだ。

■「131空戦時日誌」に見る彗星保有数

	一二型	三三型	四三型	記事
2月				
16日	0／4	16／11	2／2	被弾炎上により保有5機から4機へ
17日	0／4	23／14	3／1	
18日	0／4	13／10	1／3	K105の基地移動始まる
19日	0／4	9／7	2／0	四三型2機、第二御楯隊へ
20日	0／4	9／7	2／0	131空飛行機隊削除、四三型はK3へ
21日	0／4	4／4	2／1	
22日	0／4	6／3	2／1	
23日	0／4	4／10	3／0	
24日	0／4	7／5	3／0	
25日	0／4	4／6	3／0	
26日	0／4	1／9	2／1	
27日	－	1／7	0／3	
28日	－	2／7	0／3	
3月（データは翌日の作戦実働機数。1日の表記は2日の分ということになる）				
1日		6／5	2／1	
2日		5／6	2／1	
4日		7／4	3／0	
5日		－		K3は252空へ。以降彗星記述なし

▲飛行する252空K3の彗星四三型〔252-29〕。四三型は早くも昭和20年1月から実戦部隊への供給が始まっていた。K3の戦いについては本書第1巻を参照。

写真／談話／資料提供

本書を製作するにあたり下記の方々にお世話になりました。ここに慎んで感謝申し上げます。なお、取材後にお亡くなりになった方のお名前もそのまま掲示させていただきました。（敬称略）

荒澤辰雄／石原司郎／内堀正男／梅田百合子／大石孝明／大原亮治／小野寺義雄／川野喜一／工藤城治／工藤信／小林敏春／小山敏夫／佐々木三次／佐藤正次郎／佐藤吉雄／佐藤桂子／塩谷健次郎／田崎貞平／坪井晴隆／手島重男／中川好成／名倉貞子／西村竹次／深田秀明／福田太朗／藤澤保雄／松浪 清／松永 榮／美濃部正／宮下八郎／六川慎吾／森 昭雄／森田禎介／森田政江／山川新作／山下慎三／山本良一／横溝 潔／吉野治男／渡辺清規
海軍兵学校第70期クラス会
神奈川県白鴎遺族会／滬鷲会
海原会／雄飛会／全国甲飛会／丙飛会

伊沢保穂／織田祐輔／吉良 敢／小林 昇／坂井田洋治／竹縄昌／平田慎二／中村泰三／宮崎賢治
ジャスティン・タイラン（https://www.pacificwrecks.com）

靖國神社遊就館
潮書房光人新社／大分予科練記念館／宇佐市教育委員会／豊の国宇佐市塾
防衛省戦史図書館／国土地理院／アメリカ国立公文書館／U.S.NAVY
有限会社ファインモールド

あとがき

本書の第1巻となる『日本海軍艦上爆撃機 彗星 愛機とともに』を製作したのがちょうど6年前のことでした。

その時には調査が行き届いていなかった601空K1、そして701空K105、そして誌面の関係で触れることができなかった陸偵隊や夜戦隊の彗星について御紹介する機会が、ようやく巡って参りました。

液冷型と空冷型、いずれの彗星も魅力あふれるスタイルであり、いつまで眺めていても見飽きることのないモチーフです（本当に困ったものです）。その一方で、零戦などに比べてまだまだに解明されていない部分も少なくなく、課題も山盛りですが、装備部隊も多かったこともあって、本機にまつわるエピソードについても、なかなかこと欠きません。

本書執筆の目的は機械的な魅力と、そうした人的魅力についてを繋げたい！ というところにあるのですが（おこがましい……）、そんな搭乗員、整備員を中心とした先人たちの、顧みられることのない往時の活動に興味を持っていただける、少しでもそのお手伝いができればと念じております。筆がつたなく、充分にお伝えすることができていないかもしれませんが……。

機会があれば各部隊の人物や戦歴について掘り下げた記事をまた執筆させていただきたいと存じます。

さて、じつは今回の本を編集する上ではこれまで以上に、個人の研究家の皆さんに御協力をいただきました。そのお名前は謹んで上掲させていただきましたが、御自身で収集された資料や調査された事柄を快くご提供いただけたことには感謝してもしきれません。

また、拙著製作の際には毎度渾身の水彩画を披露していただいている佐藤邦彦氏（モデルアート誌の連載「日本機大図鑑」でお馴染み）にはモノクロ写真から素晴らしい極彩色の彗星を復元していただきました。

毎度あとがきに書きますが、こうしたたくさんの皆さんのご指導、応援があり、こうしたかたちとなることに感謝しております。

そして本書を手に取り、最後まで読んでいただいた読者の皆様がたに、心から御礼を申し上げます。

平成29年2月22日
吉野泰貴

【著者】

吉野泰貴 (よしの・やすたか)

昭和47年(1972年)9月、千葉県生まれ。
平成7年3月、東海大学文学部史学科日本史専攻卒。
在学中から海軍航空関係者への取材をはじめ、とくに郷土である千
葉県に関係の深い航空部隊の研究を行なってきた。現在は都内の民
間会社に勤務のかたわら調査活動を続けている。
著書に『流星戦記』、『真珠湾攻撃隊隊員列伝(吉良 敢共著)』、『日本
海軍艦上爆撃機 彗星 愛機とともに』、『海軍戦闘第八一二飛行隊』、
『潜水空母 伊号第14潜水艦』(いずれも大日本絵画刊)がある。

The I.J.N. Carrier Bomber D4Y series Suisei photo history 2

日本海軍艦上爆撃機 彗星 愛機とともに2
【陸偵・夜戦・空冷型編】写真とイラストで追う装備部隊

発行日	2018年4月30日　初版　第1刷
著者	吉野泰貴
カラーイラスト	佐藤邦彦
装丁	梶川義彦
DTP	小野寺 徹
発行人	小川光二
発行所	株式会社 大日本絵画
	〒101-0054
	東京都千代田区神田錦町1丁目7番地
	TEL.03-3294-7861（代表）
	http://www.kaiga.co.jp
編集人	市村 弘
企画／編集	株式会社アートボックス
	〒101-0054
	東京都千代田区神田錦町1丁目7番地
	錦町一丁目ビル4階
	TEL.03-6820-7000（代表）
	http://www.modelkasten.com/
印刷・製本	大日本印刷株式会社

Copyright © 2018 株式会社 大日本絵画
本誌掲載の写真、図版、記事の無断転載を禁止します。
ISBN978-4-499-23233-3 C0076

内容に関するお問合わせ先：03（6820）7000　（株）アートボックス
販売に関するお問合わせ先：03（3294）7861　（株）大日本絵画